农事指南系列丛书

西瓜甜瓜产业关键实用技术 100 问

羊杏平　编著

中国农业出版社
北　京

图书在版编目（CIP）数据

西瓜甜瓜产业关键实用技术100问 / 羊杏平编著.
北京：中国农业出版社，2025.1. --（农事指南系列
丛书）. -- ISBN 978-7-109-30706-3

Ⅰ.S651-44；S652-44

中国国家版本馆CIP数据核字第20259U1L05号

中国农业出版社出版

地址：北京市朝阳区麦子店街18号楼
邮编：100125
责任编辑：卫晋津
版式设计：小荷博睿　　责任校对：吴丽婷
印刷：中农印务有限公司
版次：2025年1月第1版
印次：2025年1月北京第1次印刷
发行：新华书店北京发行所
开本：700mm×1000mm　1/16
印张：8.75
字数：144千字
定价：68.00元

农事指南系列丛书编委会

总 主 编：易中懿

副总主编：孙洪武　沈建新

编　　委（按姓氏笔画排序）：

吕晓兰　朱科峰　仲跻峰　刘志凌

李　强　李爱宏　李寅秋　杨　杰

吴爱民　陈　新　周林杰　赵统敏

俞明亮　顾　军　焦庆清　樊　磊

本书编委会

主　　编　羊杏平

参编人员（按姓氏笔画排序）

朱凌丽　刘　广　刘金秋　张　曼

侯　茜　娄丽娜　姚协丰　徐　建

徐锦华

丛书序

习近平总书记在2020年中央农村工作会议上指出，全党务必充分认识新发展阶段做好"三农"工作的重要性和紧迫性，坚持把解决好"三农"问题作为全党工作重中之重，举全党全社会之力推动乡村振兴，促进农业高质高效、乡村宜居宜业、农民富裕富足。

"十四五"时期，是江苏认真贯彻落实习近平总书记视察江苏时"争当表率、争做示范、走在前列"的重要讲话指示精神、推动"强富美高"新江苏再出发的重要时期，也是全面实施乡村振兴战略、夯实农业农村现代化基础的关键阶段。农业现代化的关键在于农业科技现代化。江苏拥有丰富的农业科技资源，农业科技进步贡献率一直位居全国前列。江苏要在全国率先基本实现农业农村现代化，必须进一步发挥农业科技的支撑作用，加速将科技资源优势转化为产业发展优势。

江苏省农业科学院一直以来坚持以推进科技兴农为己任，始终坚持一手抓农业科技创新，一手抓农业科技服务，在农业科技战线上，开拓创新，担当作为，助力农业农村现代化建设。面对新时期新要求，江苏省农业科学院组织从事产业技术创新与服务的专家，梳理研究编写了农事指南系列丛书。这套丛书针对水稻、小麦、辣椒、生猪、草莓等江苏优势特色产业的实用技术进行梳理研究，每个产业提炼出100个技术问题，采用图文并茂和场景呈现的方式"一问一答"，让读者一看就懂、一学就会。

丛书的编写较好地处理了继承与发展、知识与技术、自创与引用、知识传播与科学普及的关系。丛书结构完整、内容丰富，理论知识与生产实践紧密结合，是一套具有科学性、实践性、趣味性和指导性的科普著作，相信会为江苏农业高质量发展和农业生产者科学素养提高、知识技能掌握提供很大帮助，为创新驱动发展战略实施和农业科技自立自强做出特殊贡献。

农业兴则基础牢，农村稳则天下安，农民富则国家盛。这套丛书的出版，标志着江苏省农业科学院初步走出了一条科技创新和科学普及相互促进、共同提高的科技事业发展新路子，必将为推动乡村振兴实施、促进农业高质高效发展发挥重要作用。

2021 年 1 月

序

西瓜甜瓜是全球水果市场中备受瞩目的品种之一。我国是世界西瓜甜瓜产销第一大国。西瓜甜瓜产业发展不仅关乎我国"菜篮子"工程，而且承载着乡村振兴、产业兴旺的重任。

回顾西瓜甜瓜产业的发展历史，随着人们生活水平的提高，人们对西瓜甜瓜的风味和营养品质的要求越来越高。西瓜甜瓜产业发展的区域特色也越来越明显，品种类型亦多种多样。为进一步服务我国西瓜甜瓜产业绿色高质量发展要求，著名西瓜甜瓜育种专家羊杏平研究员及其研究团队，在多年育种和栽培实践基础上，总结各方经验，编写了《西瓜甜瓜产业关键实用技术100问》一书。该书涵盖西瓜甜瓜生物学特性、优良品种、保护地栽培技术、病虫害防治等全产业链关键实用技术。

《西瓜甜瓜产业关键实用技术100问》一书，采用"一问一答"的形式，言简意赅、通俗易懂、图文并茂、操作性强，适合广大瓜农、农业技术人员和农业院校师生阅读参考。

吴明珠

2024 年 6 月 28 日

前　言

  西瓜甜瓜在我国果蔬生产和消费中占据重要地位，根据联合国粮食及农业组织（FAO）统计，2023年中国西瓜、甜瓜栽培面积分别为139.9万公顷、48.6万公顷。西瓜、甜瓜是我国部分地区种植业结构调整、农民增产致富的重要作物。近年来，我国西瓜、甜瓜产业获得了长足发展，但生产中瓜农增产不增收、产业大而不强等问题凸显，不同程度影响了种植者的积极性，制约着西瓜、甜瓜产业的可持续发展。

  在国家西甜瓜产业技术体系建设、江苏现代农业（西甜瓜）产业技术体系集成创新中心等项目的支持下，编者针对当前西瓜、甜瓜栽培生产中出现的问题，从品种选择、育苗、田间管理操作规范、病虫害防控及栽培各关键环节等方面进行了梳理、汇编，采用图文并茂的形式逐一介绍，着力展示以安全高效为目标的西瓜、甜瓜规范栽培技术。本书的出版有利于推进西瓜、甜瓜生产方式的转型升级，全面提升西瓜、甜瓜品质和栽培技术水平，加快科技兴农，助推农民增产增收。

  本书收录了目前生产中常见的西瓜、甜瓜品种，包括不同熟性、不同类型的品种68个，围绕"高效种植、规范操作"的原则，详细介绍了西瓜、甜瓜全产业链栽培过程中常见问题并逐一进行分析，同时配以大量彩色图片，使各关键环节更加直观、易懂，增强了各项技术的实用性、可操作性。本书适用于广大农业技术人员、种植者，也可供农林院校学生阅读参考。

　　由于我国地域辽阔，各地生产情况、环境条件有较大差异，建议读者在应用本书中的具体技术规程时结合当地实际情况先进行试验示范再推广，切忌机械地照搬。

　　本书在编写过程中得到江苏省各科研院校和农业推广人员的大力支持，在此对他们表示衷心感谢。本书在编写过程中参阅和引用了一些研究资料，在此向有关作者表示感谢。由于水平有限，书中若有疏漏之处，敬请专家和读者批评指正。

编　者

2024 年 6 月

目　录

丛书序

序

前言

第一篇　西瓜产业关键实用技术 ……………………………… 1

1. 西瓜的根、茎、叶有哪些特征特性? ……………………… 1

2. 西瓜的花、果实、种子有哪些特征特性? ………………… 2

3. 西瓜对温度、光照有什么要求? ………………………… 2

4. 西瓜对水分、土壤有什么要求? ………………………… 4

5. 西瓜对肥料有什么要求? ………………………………… 5

6. 西瓜生长周期可分为哪些阶段? ………………………… 6

7. 西瓜各生长阶段的生长情况对产量和品质有什么影响? … 8

8. 选择西瓜品种有哪些原则? ……………………………… 9

9. 当前生产上主要有哪些优良西瓜品种? ………………… 10

10. 选择西瓜种植地有哪些注意点? ……………………… 22

11. 种植西瓜怎样整地、施基肥? ………………………… 23

12. 种植西瓜如何做畦? …………………………………… 24

13. 播种前种子需做哪些处理? …………………………… 24

14. 如何确定西瓜播种期? ………………………………… 25

15. 如何选择西瓜育苗设施? ……………………………… 26

16. 西瓜育苗的营养土如何配制？ …………………… 27

17. 西瓜育苗时怎样进行播种？ ……………………… 28

18. 西瓜出苗时苗床如何管理？ ……………………… 29

19. 西瓜苗期苗床如何管理？ ………………………… 29

20. 西瓜壮苗标准是什么？ …………………………… 31

21. 西瓜苗期容易出现哪些问题？ …………………… 31

22. 西瓜定植前如何炼苗？ …………………………… 33

23. 西瓜幼苗定植时需注意哪些问题？ ……………… 33

24. 如何确定西瓜定植密度？ ………………………… 34

25. 西瓜的施肥原则是什么？ ………………………… 35

26. 如何掌握西瓜的施肥时间和方法？ ……………… 36

27. 施肥的种类、数量与西瓜的产量、品质有什么关系？ …… 36

28. 怎样对西瓜进行根外施肥？ ……………………… 37

29. 西瓜对水分的需求有哪些特点？ ………………… 38

30. 南方种植西瓜时灌溉需要注意哪些问题？ ……… 39

31. 怎样对西瓜进行整枝？ …………………………… 39

32. 整枝时有哪些注意事项？ ………………………… 41

33. 怎样对西瓜固蔓和引蔓？ ………………………… 41

34. 西瓜进入最适坐果期时有哪些特征？ …………… 42

35. 有哪些措施可以提高西瓜的坐果率？ …………… 43

36. 西瓜坐果后如何留瓜？ …………………………… 44

37. 西瓜坐果后有哪些管理要点？ …………………… 44

38. 怎样鉴别西瓜是否成熟？ ………………………… 46

39. 西瓜采收时要注意哪些问题？ …………………… 47

40. 西瓜保护地栽培有哪些形式？ …………………… 47

41. 西瓜常用覆盖地膜有哪些种类？ ………………… 49

42. 何为西瓜小拱棚双膜覆盖栽培？ ………………… 49

43. 西瓜小拱棚双膜覆盖栽培有哪些效应？ …………… 50

44. 西瓜小拱棚双膜覆盖栽培有哪些技术要点？ ……… 50

45. 西瓜大棚栽培有哪些优点？ ………………………… 52

46. 西瓜大棚栽培有哪些常用模式？ …………………… 52

47. 西瓜大棚栽培如何选择播种期与定植期？ ………… 53

48. 西瓜大棚栽培棚内的温度如何调控？ ……………… 53

49. 西瓜大棚栽培棚内的湿度如何调控？ ……………… 54

50. 大棚栽培西瓜肥水管理有什么特点？ ……………… 55

51. 大棚栽培西瓜如何整枝理蔓？ ……………………… 55

52. 小果型西瓜生长有什么特点？ ……………………… 56

53. 小果型西瓜水肥管理有什么特点？ ………………… 57

54. 小果型西瓜采用什么整枝方式为宜？ ……………… 57

55. 西瓜为什么要进行嫁接？ …………………………… 58

56. 西瓜嫁接砧木主要有哪些品种？ …………………… 58

57. 砧木选择需注意哪些问题？ ………………………… 62

58. 怎样进行西瓜顶插接？ ……………………………… 62

59. 怎样进行西瓜劈接？ ………………………………… 64

60. 怎样进行西瓜的靠接？ ……………………………… 65

61. 西瓜嫁接时应注意哪些问题？ ……………………… 65

62. 如何提高西瓜嫁接成活率？ ………………………… 66

63. 西瓜嫁接栽培需要注意哪些事项？ ………………… 66

第二篇　甜瓜产业关键实用技术 ……………………………… 68

64. 甜瓜的根、茎、叶有什么特点？ …………………… 68

65. 甜瓜的花、果实、种子有什么特点？ ……………… 69

66. 甜瓜的生长周期可划分为几个时期？ ……………… 70

67. 甜瓜对温度、光照、水分、土壤有什么要求？ …… 71

68. 甜瓜栽培品种有哪些生态类型？ 73

69. 甜瓜有哪些优良品种？ 74

70. 南方甜瓜保护地栽培主要有哪些栽培方式？ 88

71. 如何选择甜瓜栽培季节和培育壮苗？ 89

72. 大棚甜瓜怎样整地做畦？ 90

73. 大棚甜瓜何时定植？定植密度如何确定？ 91

74. 大棚甜瓜如何进行温度和肥水管理？ 91

75. 大棚甜瓜怎样搭架（吊绳）引蔓？ 93

76. 大棚甜瓜怎样进行整枝？ 94

77. 大棚甜瓜怎样进行人工辅助授粉？ 95

78. 大棚甜瓜怎样进行留瓜和吊瓜？ 96

79. 大棚秋延后甜瓜栽培有哪些技术要点？ 97

80. 小拱棚双膜覆盖栽培甜瓜怎样进行压蔓、翻瓜、垫瓜？ 98

81. 怎样鉴别甜瓜的成熟度？ 98

82. 甜瓜怎样采收、包装和保鲜？ 99

第三篇 西瓜甜瓜病虫害及其防治 100

83. 西瓜、甜瓜主要有哪些病虫害？ 100

84. 西瓜、甜瓜病虫害如何绿色防控？ 100

85. 如何识别和防治西瓜、甜瓜猝倒病？ 105

86. 如何识别和防治西瓜、甜瓜立枯病？ 106

87. 如何识别和防治西瓜、甜瓜炭疽病？ 106

88. 如何识别和防治西瓜、甜瓜枯萎病？ 107

89. 如何识别和防治西瓜、甜瓜蔓枯病？ 108

90. 如何识别和防治西瓜、甜瓜疫病？ 109

91. 如何识别和防治西瓜、甜瓜病毒病？ 110

92. 如何识别和防治西瓜、甜瓜白粉病？ 112

93. 如何识别和防治西瓜、甜瓜霜霉病？ ……………… 113

94. 如何防治黄守瓜？ ……………………………………… 114

95. 如何防治蚜虫？ ………………………………………… 115

96. 如何防治瓜叶螨？ ……………………………………… 115

97. 如何防治温室白粉虱？ ………………………………… 116

98. 如何防治美洲斑潜蝇？ ………………………………… 117

99. 如何防治小地老虎？ …………………………………… 118

100. 如何防治瓜绢螟？ ……………………………………… 119

主要参考文献 ……………………………………………… 121

第一篇

西瓜产业关键实用技术

 西瓜的根、茎、叶有哪些特征特性？

（1）根。西瓜的根为主根系，由主根、多级侧根和不定根组成。西瓜根系深广，在土层深厚、土质疏松、地下水位低及直播条件下，根系的分布范围水平横向达2～3厘米，深达1.5米，主要根群分布在20～30厘米的耕作层内。西瓜根系的特点是：初生根发生较少，纤细，易损伤，木栓化程度较高，再生能力弱，不耐移植。西瓜根系的分布因品种、土质及栽培条件的不同有很大的差异。

（2）茎。西瓜的茎为蔓性，幼苗期节间极短缩，叶片紧凑，呈直立状。4～5片真叶后节间伸长，匍匐生长。茎的分枝性强，每个叶腋均形成分枝，可形成3～4级侧枝，其分枝特点是：在主蔓上2～5节叶腋形成子蔓，长势接近主蔓，为第一次分枝；在主蔓第2雌花前后若干节抽生子蔓，生长也较旺盛，为第二次分枝高峰，其后因植株挂果，分枝力减弱。丛生西瓜节间短缩，分枝较少，由于节间短而呈丛生状。无权西瓜主蔓基部很少形成侧蔓。

（3）叶。西瓜的叶为单叶，互生，由叶柄、叶脉和叶身组成。成长叶为掌状深裂，边缘有细锯齿，全叶披茸毛。子叶椭圆形，子叶大小与种子大小有关。第1片真叶小，近矩形，裂刻不明显，叶片短而宽；其后逐渐增大，裂刻由少到多，4～5叶后裂刻较深，叶形具品种特征。根据裂刻的深浅和裂片的大小，可分成狭裂叶型、宽裂叶型和全缘叶型。西瓜叶片的大小因品种、长势、着生位置的不同变化很大。

② 西瓜的花、果实、种子有哪些特征特性？

（1）花。西瓜的花为单花，着生于叶腋。雄花发生较雌花早，自下而上交替形成。花单性，雌雄同株，少数雌花雄蕊发育完全，其花粉具有正常的活力，为雌型两性花。雌型两性花的发生有品种和环境的原因。萼片5枚、绿色，花瓣5枚、鲜黄色，基部连成筒状；花药联合成3枚，背裂，花粉滞重。子房下位，柱头短，成熟时3裂。西瓜雌花柱头和雄花花药都具蜜腺，靠昆虫传粉，为典型的异花授粉作物。子房形状与果形有关，长果形品种子房长圆筒形，圆果形品种子房圆形。

（2）果实。西瓜果实由子房发育而成，瓠果，由果皮、果肉及种子组成。不同品种的西瓜果实大小差异悬殊，大的可达15～20千克，而小的只有0.5～1.0千克。果实形态多样，可分为圆形、高圆形、短圆筒形、长圆筒形。果皮色泽可分为浅色、条纹花皮、墨绿色和黄色等。浅色皮品种中有的有网纹，有的没有网纹。条纹花皮品种的底色一般为绿色，深浅程度有差异，覆盖条带的颜色有深绿色或墨绿色，有宽条带或窄条带。果皮厚度品种间差异较大，薄皮类型的品种果皮厚度不足1厘米，厚皮类型的品种果皮厚度则在1.5厘米以上，果皮的厚度和硬度关系到品种的运输和贮藏性能。果肉有乳白、黄、深黄、淡红、玫红、大红等色。果肉的质地有疏松、致密之分，前者易沙、空心、不耐贮运，后者不易空心、倒瓤。

（3）种子。西瓜种子由种皮和种胚组成。种皮坚硬，其内有一层膜状的内种皮。胚由子叶、胚芽、胚轴和胚根组成。子叶肥大，能贮藏大量养分。种子扁平，呈宽卵圆形或矩形，先端有种阜和发芽孔。种子大小差异悬殊。种皮光滑或有裂纹，有些有黑色麻点或边缘有黑斑，可分为脐点部黑斑、缝合线黑斑或全面黑斑。

③ 西瓜对温度、光照有什么要求？

西瓜是喜温作物，其生长发育需要较高的温度。最适宜生长的温度是

18 ～ 32℃，低于10℃时基本停止生长，低于5℃时即受冷害，高于35℃时生长受阻。在各个不同的生长发育阶段，所需温度也有不同。发芽适宜温度在20 ～ 30℃；在15 ～ 35℃范围内，温度越高，发芽的时间越短。营养生长适宜温度在25℃；在20 ～ 32℃的范围内，随着温度的升高，生长速度加快，生育期提前。开花坐果的最适宜温度是25 ～ 30℃；低于18℃时，雄花花药不开裂，不散粉。开花坐果期突然低温，易造成果实发育缓慢、皮厚空心、畸形、含糖量下降。西瓜适宜在大陆性气候条件下栽培，生长和结果都需要较大的日夜温差，较高的日间温度有利于西瓜的同化作用，使其可以制造较多的营养物质，而较低的夜间温度则降低了呼吸作用和养分的消耗。在适宜温度范围内，昼夜温差大有利于营养物质的积累，有利于果实糖分的提高。

西瓜根系生长的最低土壤温度是10℃，最适宜的土壤温度是28 ～ 32℃，根毛发生的最低土壤温度是13 ～ 14℃。早春栽培西瓜的苗期，因土壤升温较慢，需要一定的覆盖、温床或电热线育苗，以满足苗期对温度的需要（图1-1）。

光照4000 ～ 80000勒克斯

	发芽期	幼苗期	伸蔓期	开花坐果期	膨瓜期 – 成熟期
昼	25～32℃	20～25℃	18～32℃	20～25℃	25～30℃
夜	18～20℃	>15℃	>15℃	>18℃	15～20℃
地温		>13℃	>18℃		

图1-1 西瓜全生育期对温度、光照的要求

西瓜为喜光植物，在生长发育过程中需要充足的日照时数和较高的光照强度。西瓜对光照强度的反应非常敏感：若遇连续的阴雨天，日照不足，西瓜表现为节间伸长，叶片变长变薄，叶色变浅，茎细弱，小果易脱落；而在晴天，阳光充足，则表现为节间粗短健壮，叶色浓绿肥厚，小果发育正常。较高的温度和较长的日照时数能增加西瓜的叶片数和叶面积，单株花数、子房大小、子房内的胚珠数目也都随日照时数的延长而增加，其素质也大大提高。

4 西瓜对水分、土壤有什么要求？

西瓜较耐旱，但也是需水较多的植物。西瓜植株所需的水分绝大部分通过强大的根系在土壤中吸收，土壤含水量的多少直接关系到植株的生长发育状况。西瓜生长的适宜土壤含水量为田间持水量的65%～75%，苗期较低，为65%，这样有利于根系的发展和深扎；伸蔓期为70%；果实膨大期为75%～80%，这样才能满足果实膨大的需要。西瓜一生中对水分最敏感的时期有两个。一是坐果节位的雌花现蕾至开放，这时如土壤水分不足，雌花的子房小，影响坐果，加之空气干燥，影响花粉发芽，降低坐果率。因此在干旱季节开花前，必须注意灌溉，通常是灌"走马水"，也就是即灌即排，以改善田间湿度。二是果实膨大期，此时如水分不足，果实细胞的膨大受到抑制，使果形变小，严重时使果实畸形，皮厚空心，影响产量和品质。如久旱遇雨，还会造成裂果。

西瓜植株虽然需水量大，但要求空气干燥的环境，以空气相对湿度在50%～60%最适宜，较低的空气相对湿度有利于果实含糖量的积累；空气相对湿度过大，则果实味淡，品质差，植株易感病。

西瓜根系极不耐水涝，大雨或灌溉不当往往使土壤耕作层水分饱和而缺少呼吸作用必需的氧气，当大雨浸地2小时未能排水时，根毛就会窒息死亡。这就是大雨过后西瓜植株容易发生萎蔫的原因。

西瓜植株对土壤的适应性极广，在沙土、黏壤土、丘陵红壤或新开荒地、新围垦地上都可以生长，但它最适宜的土壤是土层深厚、排水良好、肥沃的沙壤土或壤土。西瓜的根系有明显的好气性，在沙壤土或壤土的土壤中生长，因其结构好、孔隙度大、通透性好、早春温度上升快、昼夜温差大，有利于根系生长和地上部分的发育，也有利于果实品质的改善。但在沙性重的土壤里种植时，由于其保水保肥的能力差，常使养分淋失，因此，应增施有机肥，追肥也应少量多次。在黏性重的土壤里种植时，由于其渗透性差，温度上升较慢，幼苗生长较慢，最好能在整地时多施有机肥，以改善土壤的透气性。新垦地由于未种过西瓜，病害轻，也很适宜种植西瓜（图1-2）。

影响西瓜生长的土壤化学性质主要是土壤溶液的pH和含盐量。西瓜要求土壤溶液呈弱酸性至微碱性，pH 5～8，低限在4.2左右，酸度过高影响钙的吸收，枯萎病严重。在酸性土壤上种瓜，必须施用生石灰，以中和土壤酸性。土壤适当的含盐量可以使果实糖度提高，但含盐量超过0.2%时，植株生长缓慢，甚至死亡。在盐碱地上种瓜，土壤必须经过改良，防止土壤泛碱损伤植株根部。西瓜的病虫大部分在土壤里，附着在作物残体上越冬，有些病菌在土壤里可以存活10年以上，所以瓜地切忌连作，以免引起枯萎病大发生。西瓜对土壤轮作的要求十分严格，轮作年限为水田3～4年，旱地7～8年。

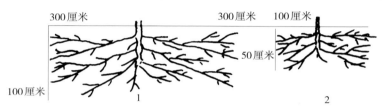

图1-2 不同土质西瓜根系生长情况

1. 沙壤土　2. 黏壤土

5 西瓜对肥料有什么要求？

西瓜生长期短而产量却很高，因此西瓜是一种需肥较多而且对肥料质量要求较高的作物，如肥料不足或养分比例不适当，就会影响风味，从而降低商品价值。西瓜正常生长发育所需要的矿质营养元素主要是氮、磷、钾。

氮是构成蛋白质的主要元素。氮供应适量，茎叶生长健壮、茂盛；如供应不足，茎叶生长缓慢，叶小、黄薄，产量低；如用量过多，则茎叶徒长，开花结果延迟，抗寒力和耐病力降低。土壤中氨态氮过多，钙和镁的吸收会受到抑制，植株会表现出缺钙症状。

磷是形成细胞核蛋白、卵磷脂等不可缺少的元素。适宜的土壤含磷量可促进细胞分裂，有利于根系生长。植株生长前期磷肥充足，可促成花芽分化、开花，提高西瓜品质，提早成熟。磷的吸收和温度有关，当土壤温度低时，磷的吸收量少，因此苗期需注重磷的供应。

钾能促进茎蔓生长健壮，增强防风、抗病和耐寒能力。钾是植物体内多种酶的活化剂，能够增进输导组织的生理机能，提高吸肥吸水能力，有利于光合作用的进行，同时钾是植株体内各种糖的合成及转移必不可少的重要元素，它还能加速蛋白质的合成，提高氮素的吸收利用率。缺钾会使西瓜植株生长缓慢，植株矮化，茎蔓脆弱，叶缘干枯，特别是西瓜果实膨大期，缺钾会影响糖分的积累，使西瓜果实品质下降。

西瓜整个生育期对氮、磷、钾三要素的吸收，以钾为最多，氮次之，磷最少，三者比例为3.28∶1∶4.33。西瓜在不同生长阶段对三种营养元素的需要量和吸收比例也不同：发芽期吸肥量很小，此期主要利用子叶贮藏的养分；幼苗期根开始吸收，此时因温度较低，生长缓慢，吸收量不大，约占全生育期总吸收量的0.54%；伸蔓期后茎叶开始迅速生长，根群对营养的吸收量也猛增，占全生育期总吸收量的14.66%；坐果生长盛期，果实增长迅速，吸收量占全生育期总吸收量的84.78%。可以看出，西瓜植株对肥料的需求量在坐果期达到顶峰，在生产上施肥量要根据其不同生长时期的需求量而定。

作物对肥料的吸收过程是一个很复杂的过程，它和土壤、温度、降水量、栽培方式等条件有密切的关系。温度高，就会加快有机肥料的分解，促进根系的吸收，有利于作物的生长；降水会增加土壤养分的流失；地膜覆盖栽培可以提高地温，促进幼苗生长，但由于地膜的阻隔，阻碍了气体交换，膜下氨态氮积累，可能引起生理障碍等。因此要满足西瓜生长各阶段对营养元素的需求，必须根据西瓜各发育时期对不同元素的需要比例以及种植条件，科学地进行施肥和管理。

⑥ 西瓜生长周期可分为哪些阶段？

西瓜的整个生长发育期为100～120天，要经过种子萌发、幼苗生长、蔓生长、孕蕾、开花结果、果实成熟（种子发育和成熟）等阶段。根据西瓜的生长形态、发育阶段、生理特点，可分为以下4个时期（以春植西瓜为例）。

（1）发芽期。由种子萌发到子叶出土、平展至第1片真叶显露，这一阶段称为发芽期。种子发芽开始时用本身子叶内贮藏的养分来供应胚和幼根的生长，地上部分可看到子叶平展和子叶中间生长点部分有三角形凸起出现（真叶的雏形）。这时真叶抽出较慢，但地下部分相对生长较快，形成了二次根（侧根）。这个阶段需要5～7天。这时苗床的温度、湿度管理起主要作用，幼苗出土后，苗床温度应控制在白天20～25℃、夜晚18～20℃，空气相对湿度在85%左右为好。如育苗棚内温度过高，则下胚轴过度伸长形成高脚苗；土壤湿度过大，则易发生烂种与猝倒病（图1-3）。

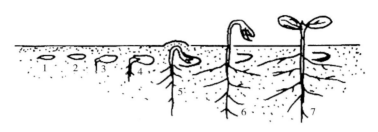

图1-3 西瓜种子发芽期各阶段
1. 干种子 2. 吸水膨胀 3. 坐根 4. 定橛 5. 弯脖 6. 出土 7. 露心

（2）**幼苗期**。从第1片真叶到第6～7片真叶是西瓜的幼苗期。幼苗期有2个生长中心，一个是根群的生长与扩展，另一个是地上部分的生长。此阶段光合作用产物主要运往根部，迅速形成庞大的、具有较强吸收作用的根系群，主蔓顶端已形成8～9片分化完全的小叶，叶腋间已形成侧枝及花的雏形。这时如阳光充足，温度适宜，则叶片肥厚、浓绿、节间粗短。子叶保存是否完好，也是壮苗的标志之一。这一阶段前期在苗圃，后期在大田完成。为使两个时期顺利衔接，苗床后期的温度、湿度管理非常重要。在移植前要注意控苗炼苗，逐步使幼苗适应大田的气候环境；定植后注意保持土壤温度和湿度，促使根群加快发育，保证植株顺利进入下一生长阶段。

（3）**伸蔓期**。从幼苗由直立生长转为匍匐生长直至主蔓坐果节位雌花开放，这一阶段称为伸蔓期。在25℃的情况下，这一阶段需30天左右。在这一时期，生长加速，叶面积扩大，主蔓上长出侧枝，叶腋间雄花陆续开放。根的吸收能力加强，形成了强大根群。至坐果节位雌花将开放时，生长速度延缓，植株由营养生长转入生殖生长，叶片的光合产物分流至花和幼果中。这时如遇到不良天气或采取不当的农业技术措施，如阴雨天多、光照不足、氮肥施用过多等，就会引起徒长，延长营养生长期，而不利于开花结果。本阶段的管理关键是通过施肥、整枝等技术，调节好营养生长和生殖生长的关系，使植株能及时、顺利地进入开花结果阶段。

（4）坐果期。由坐果节位的雌花开放、授粉受精完成到果实发育完成，这一阶段称为坐果期。坐果期根据品种属性不同，需30～45天。根据果实的不同发育阶段，坐果期又可分为坐果初期、果实膨大期和坐果后期。

坐果初期是从果实开始膨大到果面茸毛脱落。根据品种不同，这一阶段需7～10天。

果面茸毛脱落后进入果实膨大期，果实增长加速，25天左右即能长到品种应有的重量。这一阶段，地上部分生长旺盛，叶面积大，同化物质仍主要流入生长点。这一时期也是果实细胞发育增快的时期，果实和叶片生长都需要大量营养，如幼果营养不足，就会干枯脱落。因此，必须调节好营养生长和生殖生长的关系，使营养生长顺利向生殖生长过渡。果实膨大期的果实重量以每昼夜100克以上的速度增长，生长极为迅速，经18～25天就能长到品种应有的标准。这一时期，皮色、形状、大小等，都表现了本品种的固有特征。这时营养生长和生殖生长并存，需要吸收大量营养，生产上必须保证肥、水的充足供应。

坐果后期营养生长转缓，主要是果实内部糖分的转化和积累，果肉和种子也呈现出本品种的特征。这时如气候条件适宜，叶片保持正常，就有二次结果的可能。因此西瓜在后期的管理主要是保护功能叶，延长叶片的寿命，防止茎叶早衰。栽培措施有根外追肥、喷药防病等。

7　西瓜各生长阶段的生长情况对产量和品质有什么影响？

西瓜植株生长的好坏，特别是坐果期植株的长相与产量及品质有着密切的关系。坐果期，植株生长壮健，结果部位正常，每株坐果节位接近，田间通风透光好，无病虫，则为丰产的长相。相反，植株瘦弱或徒长，低节位或高节位坐果，田间郁闭，通风透光不好，病虫多，则不能达到丰产目的。应该说，生产上每一个环节管理的及时与否，都与产量、品质有密切的因果关系。如前期营养生长不好，植株瘦弱，叶面积小，势必影响果实的发育，产量自然就低；又如施肥不当，氮肥过多，坐果期营养生长旺盛，田间荫蔽，就会引起延迟坐果、果实品质不好或病虫严重等不良后果。因此，西瓜生长的每一个环节，都必须及时采取正确的农业技术措施，才能获得理想的产量。

选择西瓜品种有哪些原则？

一是品种选择应将与品质相关的性状放在首位。这是因为随着生活水平的提高，广大消费者对西瓜品质的要求越来越高，要想获得好的收益必须满足市场的需求，必须重视品种的品质性状。西瓜品质包括果实的商品性状和瓜瓤的质地及口感。优良的商品性状包括果实外形美观，果形圆整平滑，色泽一致，大小适中，适应当地消费者的消费习惯。瓜瓤要质地细嫩、纤维少、多汁、折光糖含量高等。

二是要注意品种的抗病性。种植抗病品种可以减少农药用量，减少产品的污染，保证食用安全。同时，种植抗病品种可抗御不良气候条件，增加产量，稳定西瓜生产。西瓜品质与抗病性有一定的矛盾：品质优良的品种，一般抗病性不理想；相反，抗病性强的品种，品质不一定优良。目前从西瓜抗病育种的现状出发，对品质优良的品种在抗病性方面的要求不宜过高，能通过栽培措施的控制而不至于因病害造成重大损失的品种，仍然可考虑种植。

三是品种选择必须充分掌握相关品种的特征、特性。即使是优良的西瓜品种，也不是十全十美的。各个品种有优点，也有缺点，在栽培上应发挥其优点，克服其缺点，才能得到理想的结果，否则就可能失败。因此，掌握各个品种的特征、特性是十分必要的。

四是应从生产角度出发，考虑品种的适应性。确定主栽品种时，首先应选择当地或就近地区育成的品种，因其适应当地气候条件，栽培容易成功。引种应引进同一生态型的品种，如江浙地区向华南、华中地区引种的把握较大。向不同生态型地区引种要慎重，如向新疆引种，因该地区的西瓜长势旺，在南方多雨地区坐果较困难，而引进早熟品种成功的把握较大。这类引种应通过1～2年试种才能确定。

新发展西瓜生产地区的农户选择品种时，应从以下几方面考虑。

（1）**栽培目的。**如进行覆盖和早熟栽培，应选早熟品种；丰产栽培，宜选果形较大的中熟品种；延期供应的，宜选择晚熟品种；当地销售的，宜选皮薄的优良品种；远销外地的，则选耐贮运品种。

（2）**土壤和气候条件。**如为土质疏松的斜坡向阳地，应选果形较小的早、中熟品种，因土温上升快，生育快，早熟特性可得到充分发挥，但保肥保水性差，不适合丰产栽培；如为水田黏土，宜选中熟品种；丘陵坡地种瓜因结果期天气晴热，又缺少灌溉条件，也应选早熟品种，以减轻干旱的影响，并应注意皮色，以皮色浅的品种为宜。因为皮色浅可减轻日烧病为害。

（3）栽培条件和技术水平。在施肥水平高的地区，宜选择耐肥品种；在肥源缺少地区，应选择省肥品种。在技术水平高、劳力充足的地区，可选早熟品种，并延长结果期以争取丰收；在技术水平低、劳力紧张的地区，以中熟品种粗放栽培为宜。

 当前生产上主要有哪些优良西瓜品种？

目前，生产上推广应用的西瓜品种有很多，应根据各地的自然禀赋、设施类型以及生产和市场需要选择适宜的优良品种，以获得高产和高效。

（1）小型礼品西瓜。

①早春红玉（图1-4）。

品种来源：日本引进。

特征特性：早熟，生长稳健，耐低温弱光，开花至成熟约25天，主蔓

图1-4 早春红玉

第5～6节出现第1朵雌花，雌花着生密。单瓜重1.5～2千克，果皮深绿色覆有墨绿色条带。果皮厚0.3厘米左右，瓤色桃红，肉质鲜嫩爽口，中心可溶性固形物含量12%左右，边缘含量8%～9%，口感佳。

适宜地区：长江流域大棚早春设施栽培。

②小兰（图1-5）。

品种来源：台湾农友种苗公司。

特征特性：极早熟，结果力强。果实圆球形至微长球形，果皮淡绿色底上覆青色狭条斑；单果重

图1-5 小兰

1.5～2千克，果肉黄色晶亮，种子小而少；果皮厚0.3厘米左右。

适宜地区：长江流域春季早熟和秋季保护地栽培。

③京秀（图1-6）。

品种来源：北京市农林科学院蔬菜研究中心。

特征特性：早熟，果实发育期26～28天，全生育期85～90天。果实椭圆形，绿底色，果实周正，平均单果重1.5～2千克，果肉红色，肉质脆嫩，口感好，风味佳；中心可溶性固形物含量13%。

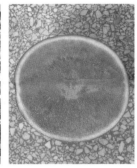

图1-6 京秀

适宜地区：各地春提早设施栽培。

④京阑（图1-7）。

品种来源：北京市农林科学院蔬菜研究中心。

特征特性：极早熟。果实发育期25天左右，极易坐果，适宜越冬和早春栽培，可同时坐2～3个果。单瓜重2千克左右，皮厚0.3～0.4厘米。果皮翠绿覆盖细窄条，果瓤黄色，酥脆爽口，入口即化，中心糖度12%以上。

图1-7 京阑

适宜地区：各地春提早设施栽培。

⑤苏蜜7号（橙兰）（图1-8）。

品种来源：江苏省农业科学院蔬菜研究所，苏审瓜201102。GPD西瓜（2018）320371。

特征特性：早熟。生长势中等，耐低温弱光，极易坐果。果实短椭圆形，浅绿色果皮上覆墨绿色锯齿条纹，果皮厚度0.5厘米，瓤色为橙黄色，剖面均匀、美观，肉质脆酥，中心可溶性固形物含量11.4%～12.2%。单果重

图1-8 苏蜜7号（橙兰）

2.2 ～ 2.8千克。

适宜地区：华东地区及气候相似地区春季或秋季设施覆盖栽培。

⑥万福来（图1-9）。

品种来源：先正达种子公司。

特征特性：成熟期（授粉后）30 ～ 32天，植株生长旺盛，每株可结3 ～ 4个果，果实椭圆形，单瓜重2 ～ 2.2千克。果皮绿色，黑色细条纹，果肉红色，肉脆，果皮极薄，纤维少，糖度12%，口感极好。

适宜地区：华东地区及气候相似地区春季或秋季设施覆盖栽培。

图1-9　万福来

⑦苏蜜8号（图1-10）。

品种来源：江苏省农业科学院蔬菜研究所，苏审瓜201003。GPD西瓜（2018）320372。

特征特性：为早熟小果型西瓜一代杂种，春提早大棚栽培全生育期约102天，果实成熟期约30天。植株生长势中等，分枝性中等，叶片中等大小，叶色绿。第1雌花节位为第6 ～ 7节，雌花间隔5 ～ 6节。耐低温弱光，易坐果。

图1-10　苏蜜8号

果实高圆形，果形指数1.1，单果质量1.8 ～ 2.3千克。果皮底色浅绿，覆深绿色窄条带，果皮厚0.4 ～ 0.5厘米，硬度中等。果肉黄色，质地酥嫩，纤维含量少，汁液多，口感风味佳。中心可溶性固形物含量为11.0% ～ 12.2%，边缘可溶性固形物含量为8.5% ～ 10.5%。每亩*产量2000 ～ 2500千克。

适宜地区：长江中下游地区春季大棚栽培。

＊　亩为非法定计量单位，1亩 = 1/15公顷 ≈ 667米²。——编者注

⑧苏蜜9号（图1-11）。

品种来源：江苏省农业科学院蔬菜研究所，苏审瓜201003。GPD西瓜（2018）320373。

特征特性：为小果型西瓜一代杂种，春提早大棚栽培全生育期约105天，果实成熟期约30天。植株生长势较强，耐低温弱光，易坐果。分枝性中等，叶片中等大小，叶色绿。第1雌花节位为第7～8节，雌花间隔5～6节。果实椭圆形，果形指数1.3，单果质量2.0～3.0千克。果皮底色浅绿色，覆深绿色窄条带，果皮厚约0.5厘米，果实硬度中等。瓤红色，质地脆沙，纤维含量少，汁液多，风味浓，口感佳。中心可溶性固形物含量12.0%～13.2%，边缘可溶性固形物含量9.0%～10.0%。每亩产量2500千克左右。

图1-11　苏蜜9号

适宜地区：适宜长江中下游地区春季大棚栽培。

⑨苏蜜1667（图1-12）。

品种来源：江苏省农业科学院蔬菜研究所，苏审瓜201003。GPD西瓜（2019）320408。

特征特性：小果型西瓜一代杂种，春提早大棚栽培全生育期约115天，果实成熟期约34天。植株生长势中等，耐低温弱光，易坐果。第1雌花节位6～7节，雌花间隔5～6节。果实椭圆形，果形指数1.3，平均单果重2.76千克。果皮底色绿色，覆深绿色锐齿状条带，果皮厚约0.6厘米，果皮硬度中等。果肉红色，质地脆酥，纤维含量少，汁液多，口感风味佳。平均中心糖含量12.6%，边糖含量约9.9%。每亩产量2930.4千克。

适宜地区：适宜长江中下游地区春季大棚栽培。

图1-12　苏蜜1667

⑩苏蜜10号（图1-13）。

品种来源：江苏省农业科学院蔬菜研究所，苏鉴西瓜201504。

特征特性：植株生长势中等，坐果性强。第1雌花节位6～7节，春季保护地栽培从坐果到采收约30天，全生育期105天左右。果实短椭圆形，果形指数1.2，果皮绿色覆墨绿色齿状条纹，皮厚约0.5厘米，单果重约2.4千克。中心折光糖含量11.1%，边缘折光糖含量8.0%。果肉黄色，肉质酥，汁多爽口，风味好。抗逆性较强。

适宜地区：适宜江苏省作春季保护地栽培。

图1-13　苏蜜10号

⑪苏梦5号（图1-14）。

品种来源：江苏徐淮地区淮阴农业科学研究所，GPD西瓜（2018）320375。

特征特性：早熟品种。单果重2～3千克，果实椭圆形，果皮绿色，覆墨绿色齿状条带，皮厚0.7厘米。果肉红色，质地酥脆，中心可溶性固形物含量11.7%，边部可溶性固形物含量10.0%，口感酥脆。耐贮运，货架期长。苏梦5号植株生长势强，主蔓第1雌花着生在第6节或第7节，适于在江苏春季保护地栽培。在江苏地区，苏梦5号春季保护地栽培全生育期108天，果实发育期32天。

适宜地区：适宜江苏省春季大棚栽培。

图1-14　苏梦5号

⑫苏梦6号（图1-15）。

品种来源：江苏徐淮地区淮阴农业科学研究所，GPD西瓜（2018）320376。

特征特性：早熟种，植株生长势中等，第1雌花节位为第6～8节，春季保护地栽培全生育期105～117天，果实发育期30～35天，单瓜质量1.5～2.0千克，果实近圆形，果皮绿色覆细墨绿色齿条带，果皮厚0.44厘米，果皮较脆，红瓤，中心糖含量12.3%，边糖含量10.0%左右，每亩产量2000～3200千克。

图1-15　苏梦6号

适宜地区：适宜江苏省春季大棚栽培。

⑬苏梦2号（图1-16）。

品种来源：江苏徐淮地区淮阴农业科学研究所，苏审瓜201502。

特征特性：植株生长势较强。主蔓第1雌花节位8～9节，春季保护地栽培果实发育期32天左右，全生育期109天左右。果实圆形，果皮深绿色，覆深绿色条带，果皮厚约0.55厘米，单果重约2.24千克。中心折光糖含量11.0%左右，边缘折光糖含量8.2%左右。果肉红色，风味较好。

图1-16　苏梦2号

适宜地区：适宜江苏省春季大棚栽培。

（2）中型西瓜。

①早佳（84-24）（图1-17）。

品种来源：新疆农业科学院园艺作物研究所，浙品审字第325号。

特征特性：早熟。植株生长稳健，坐果性好，开花至成熟28天左右。果实圆形，单果重5～8千克。果皮绿色，覆盖有青黑色条斑。皮厚0.8～1厘米，不耐贮运。果肉粉红色，肉质松脆多汁，中心可

图1-17　早佳（84-24）

溶性固形物含量12%，边缘9%左右，品质佳。耐低温、弱光照。

适宜地区：各地设施栽培。

②京欣二号（图1-18）。

品种来源：北京市农林科学院蔬菜研究中心。

特征特性：早熟、优质、耐裂、丰产西瓜新品种。果实发育期28天，全生育期90天左右。植株生长势强，抗病，坐瓜容易。果实圆形，绿底覆盖墨绿窄条纹，外形美观。单瓜重7～8千克，剖面均匀红肉，中心可溶性固形物含量12%。

适宜地区：各地设施栽培。

图1-18 京欣二号

图1-19 抗病苏蜜

③抗病苏蜜（图1-19）。

品种来源：江苏省农业科学院蔬菜研究所，苏种审字第281号。

特征特性：早熟，开花至果实完全成熟需30～32天，全生育期85～90天。果实椭圆形，墨绿色，皮薄，瓤红，质细，单瓜重4～5千克，中心糖10.8%～11.6%，边糖8.8%～9.0%。

适宜地区：早春小拱棚和秋大棚栽培及远距离运输。

④早抗京欣（图1-20）。

品种来源：江苏省农业科学院蔬菜研究所，苏审瓜200406。GPD西瓜（2019）320112。

特征特性：早熟，生长势中等，耐低温弱光，易坐果，高抗枯萎病。果实圆形，单果重3.3～4.8千克；果皮浅绿色，覆墨绿色宽条带，果粉轻，果皮厚度为0.9～1.1厘米；瓤色粉红，肉质酥脆，多汁、纤维少，风味佳，中心糖含量11.5%～12.0%，边糖9.0%。

适宜地区：华东地区及气候相似地区春季或秋季大棚覆盖栽培。

图1-20　早抗京欣

⑤苏蜜5号（图1-21）。

品种来源：江苏省农业科学院蔬菜研究所，苏审瓜200507。GPD西瓜（2019）321251。

特征特性：中晚熟种，果实发育期35天左右，高抗西瓜枯萎病，生长势中等，田间表现易坐果。果实椭圆形，单果重4.5～5.5千克；果皮深墨绿色，果粉轻，果皮厚度为0.9～1.1厘米；瓤色鲜红，肉质酥脆，风味好，中心可溶性固形物含量11.5%～12.2%，近皮部可溶性固形物含量9.5%～10.5%。

适宜地区：江苏、安徽、山东、浙江等省及相同生态区地膜覆盖或小拱棚覆盖栽培。

图1-21　苏蜜5号

⑥苏蜜6号（图1-22）。

品种来源：江苏省农业科学院蔬菜研究所，苏审瓜201003。GPD西瓜（2018）320370。

特征特性：具有早熟、优质、稳产等特点。植株生长势强，坐瓜率高，早熟，全生育期85天，开花至果实成熟30天。果实高圆形，暗绿色，有不明显网纹，单瓜重3～4千克；果皮厚度约1厘米，瓤鲜红质细，风味好，中心糖

图1-22　苏蜜6号

含量 10.4% ～ 11.0%，边糖含量 8% ～ 9%。

适宜地区：江苏各种设施早熟栽培。

⑦苏蜜 518（图 1-23）。

品种来源：江苏省农业科学院蔬菜研究所，GPD 西瓜（2020）320450。

特征特性：中果型西瓜一代杂种，春提早大棚栽培全生育期约 117 天，果实成熟期约 35 天。植株生长势中等，耐低温弱光，易坐果。第 1 雌花节位 6 ～ 7 节，雌花间隔 5 ～ 6 节。果实圆形，果形指数 1.0，平均单果重 4.99 千克。果皮底色绿色，覆深绿色条带，

图 1-23　苏蜜 518

果皮厚约 1.0 厘米，果皮硬度软。果肉红色，质地酥，纤维含量少，汁液多，口感风味佳。中心糖含量约 12.4%，边糖含量约 9.7%。每亩平均产量 3262.0 千克。

适宜地区：江苏各种设施早熟栽培。

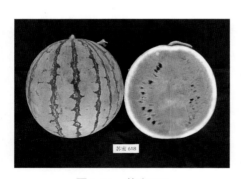

图 1-24　苏蜜 618

⑧苏蜜 618（图 1-24）。

品种来源：江苏省农业科学院蔬菜研究所，GPD 西瓜（2020）320609。

特征特性：中果型西瓜一代杂交种，春提早大棚栽培全生育期约 117 天，果实成熟期约 35 天。植株生长势中等，耐低温弱光，易坐果。第 1 雌花节位 6 ～ 7 节，雌花间隔 5 ～ 6 节。果实圆形，果形指数 1.0，平均单果重 5.06 千克。果皮底色绿色，覆深绿色条带，果皮厚约 1.0 厘米，果皮硬度中。果肉红色，质地脆嫩，纤维含量少，汁液多，口感风味佳。中心糖含量约 12.5%，边糖含量约 9.7%。每亩平均产量 3297.3 千克。

适宜地区：江苏各种设施早熟栽培。

⑨苏创 4 号（图 1-25）。

品种来源：江苏徐淮地区淮阴农业科学研究所，GPD 西瓜（2018）

图1-25　苏创4号

⑩迁丽1号（图1-26）。

品种来源：宿迁市农业科学院，皖品鉴登字第1501009。

特征特性：植株生长势较强，易坐果。第1雌花节位6～7节，春季保护地栽培从坐果到采收33天左右。果实圆形，果形指数1.0，果皮浅绿底覆深绿色条带，皮厚0.9厘米，单果重4.30千克。中心折光糖含量11.8%，边缘折光糖含量8.1%，质地酥脆，风味好。

320382。

特征特性：早熟。植株生长势较强，第1雌花着生于主蔓7～8节，易坐果；全生育期110天，果实发育期33天。果实圆形；果皮厚0.95厘米，果皮硬度中等，韧性好；单瓜重5.45千克。中心可溶性固形物含量10.7%，边可溶性固形物含量8.1%，肉质口感酥脆。耐低温、弱光，低温下坐果能力强。

适宜地区：适宜在江苏、北京保护地种植。

图1-26　迁丽1号

适宜地区：适宜江苏各地春季大棚栽培。

⑪迁美1号（图1-27）。

品种来源：宿迁市农业科学院，苏鉴西瓜201506。

特征特性：植株生长势中等，易坐果，每株可结2个瓜。第1雌花节位6～7节，春季保护地栽培从坐果到采收31天左右。果实高圆形，果形指数1.1，果皮浅绿底覆深绿色条带，皮厚0.8厘米，单果重3.24千克。中心折光糖含量11%，边缘折光糖含量8%，肉质细嫩，酥脆爽口。

图1-27　迁美1号

适宜地区：适宜江苏各地春季大棚栽培。

（3）无籽西瓜。

①雪峰小玉红无籽（图1-28）。

品种来源：湖南省瓜类研究所，2002年通过湖南省和全国农作物品种审定委员会审定。

图1-28　雪峰小玉红无籽

特征特性：早熟。全生育期88～89天，果实发育期28～29天。生长势强，1株可结2～3个果，耐湿抗病。果实高圆形，单瓜重1.5～3.5千克，绿皮上覆有深绿宽条带，外观美。皮厚0.5～0.6厘米，较耐贮运。无籽性好，品质佳，中心含糖量12.5%～13%。

适宜地区：长江流域设施栽培。

②墨童（图1-29）。

品种来源：先正达种子公司。

特征特性：1株可坐果3～5个。特耐压，果形圆整，商品果比率高。成熟期（授粉后）28～35天，小型无籽红肉西瓜，瓤色深红色，单果重2.5～3.5千克。

适宜地区：长江流域设施栽培。

图1-29　墨童

③小玉无籽（图1-30）。

品种来源：江苏省农业科学院蔬菜研究所，苏审瓜201104。

特征特性：早熟。前期生长势较弱，伸蔓后长势转强，较易坐果。果实圆球形，单果重1.8～2.4千克；果皮浅绿色覆细网纹，厚0.8～1厘米；瓜瓤红色，中心含糖量10.0%～11.9%，边缘含糖量7.2%～9.1%，肉质脆酥，汁多爽口，风味好；白色秕子小而嫩，无籽性好。

适宜地区：华东地区及气候相似地区春季或秋季大棚覆盖栽培。

④农友新一号（图1-31）。

品种来源：台湾农友种苗公司。

图1-30　小玉无籽

图1-31　农友新一号

⑤帅童（图1-32）。

品种来源：先正达种子公司。

特征特性：早熟，从授粉到采收30～35天，植株长势强，连续坐果力强，丰产易管理。果实高球形，单果重2.5～3.5千克；皮色淡绿底，青黑条斑，皮韧耐运。瓤色鲜红，糖度12.5%～13.5%，品质特佳，汁多味甜，肉质脆爽。

适宜地区：日光温室及大棚栽培。

⑥苏蜜无籽1号（图1-33）。

品种来源：江苏省农业科学院蔬菜研究所，苏审瓜201511。

特征特性：生长势旺盛，结瓜力强，单瓜重8～12千克，产量高。果色暗绿并有青黑色条斑，肉色深红，均匀艳丽，秕子较小，汁水丰富，肉质细嫩爽口，不易空心。耐蔓枯病，耐贮运力强。

适宜地区：华东地区及气候相似地区春季大棚覆盖栽培。

图1-32　帅童

特征特性：植株生长势较强，坐果性较强。第1雌花节位6～7节，春季保护地栽培从坐果到采收约34天，全生育期110天左右。果实圆形，果形指数1.0，果皮浅绿色覆绿色宽条带，皮厚约1.3厘米，单果重3.5～5.0千克。中心折光糖含量11.20%，边缘折光糖含量7.7%。果肉红色，肉质脆，汁多爽口，风味好。白秕子较小，无籽性好。抗逆性较强。

图1-33　苏蜜无籽1号

适宜地区：华东地区及气候相似地区春季或秋季大棚覆盖栽培。

⑦苏蜜无籽2号（图1-34）。

品种来源：江苏省农业科学院蔬菜研究所，苏鉴西瓜201505。

特征特性：全生育期约100天，果实成熟期约30天。植株生长势中等，分枝性中等，耐低温弱光。第1雌花节位6～7节，雌花间隔5～6节，坐果性强。果实圆形，果形指数1.0，单果重2.0～2.5千克。果皮底色浅绿色，覆绿色窄条带，果皮

图1-34　苏蜜无籽2号

厚0.5厘米，果皮硬度中等。果肉红色，质地酥脆，纤维含量少，中心糖含量约12.0%，口感风味佳。不易产生着生秕子，白色秕子少而小。每亩产量约为2500千克。

适宜地区：华东地区及气候相似地区春季或秋季大棚覆盖栽培。

 选择西瓜种植地有哪些注意点？

西瓜最适宜的土壤是疏松的沙壤土。但西瓜对土壤的适应性较广，沙壤土、黏壤土、酸性红壤或沿海盐碱地均可种植。新垦的生荒地病害轻、杂草少，如能增施有机肥，种植西瓜也可以取得较好的收成。

西瓜忌连作，对轮作要求十分严格。如轮作周期短，枯萎病发生十分严重，易造成减产，甚至失收。旱地轮作周期要7～8年，在稻麦两熟制地区实行水旱轮作，可以缩短轮作周期为3～4年。

西瓜不耐涝，如在平原湖区栽培，应选择地下水位较低、排水良好的地块，并建立良好的排水系统。在丘陵地区，应选择土层深厚的田地，做水平畦，冬季结合深翻，增加土壤的蓄水能力，以提高西瓜耐旱性。

丘陵红壤、黄壤酸性较强，应选用pH在5.5以上的地块。如酸度过高，可以施用石灰予以调节。盐碱地土壤的总含盐量一般要求在0.2%以下，必要时在种植穴内以稻田土作为客土。

此外，可以根据栽培目的选择不同地势和土质的地块。早熟栽培，应选择向阳、背风、沙性较强的地块，利用其小气候促进前期生长；一般露地栽培，应选择排灌条件好、保水保肥力较强的地块种植。前者促进瓜苗早发，有利于早熟，但易出现早衰现象，产量不高；而后者则生长势较强，易高产。

11　种植西瓜怎样整地、施基肥?

（1）**整地**。西瓜是深根性作物，为了发挥其高产潜力，一般瓜田应进行深翻，但是深耕的程度、时间，各地应视具体情况而定。南方露地西瓜地如与其他越冬作物套种，则必须在越冬作物播种前进行，或单独预留的瓜畦。稻田土质黏重，越冬前必须深翻冻垡，一般耕深25～30厘米，耕后不打碎土块，让其晒或冻以加速土壤的熟化，春季结合做垄浅耕1次。红壤丘陵生荒地土层较浅，土质瘠薄，则应在冬季局部开宽约70厘米、深约50厘米的深沟，将表土填入沟底，结合施用土杂肥，将底土在沟边风化，分次填入沟内，以改良土壤，提高蓄水力。

（2）**施基肥**。施基肥是供给植株整个生长期间的营养、促进根系生长、保持植株长势、延长生长季节、提高产量的重要环节。在土层较浅、土质瘠薄的地区，尤其应重视基肥的施用。

有机肥（厩肥、土杂肥）使用前必须经过堆制，进行50～55℃、持续5～7个小时的无害化处理，以消灭虫卵、病菌，这样也有利于加速肥料的吸收和利用。

有机肥应配施适当的磷肥和钾肥。在南方多雨条件下，中等肥力水平的地块一般每亩施用猪、牛厩肥1500～2000千克，或鸡鸭粪500～750千克，过磷酸钙20～25千克、硫酸钾5～10千克。有机肥不足的农户，可用化肥或饼肥代替，每亩施菜籽饼50～100千克，硫酸铵10～15千克，硫酸钾5～10千克，应避免过量施用速效氮肥而引起前期徒长。基肥用量占总用肥量的30%～40%。

基肥施用的方法：在有机肥充足时可采取全面撒施与集中沟施相结合的方法，即在耕翻时全面撒施，然后翻入土中，而后在做垄时施入部分速效肥。由于间作物的存在，或为了节约肥料，多半采取集中沟施，将有机肥施用在底层。

12 种植西瓜如何做畦？

为便于灌溉和排水，播种或定植前必须做畦。畦式因降水量、地势和土质的不同而异，畦宽根据茬口、土地的利用率、瓜蔓的伸展及管理的方便程度等确定。

在南方，西瓜生长季节往往降水量大、地下水位较高，但西瓜生长后期往往会遇到旱季，因此做畦应以排水为主、排灌结合为原则，一般做成高畦和几级配套排水沟的方式。根据畦面宽度，可分成宽畦和窄畦两种。宽畦连沟宽4～4.5米，沟宽约60厘米，瓜苗定植在畦的两侧。窄畦连沟宽2～2.5米，瓜苗定植于畦的一侧或中间。

13 播种前种子需做哪些处理？

（1）晒种。播种前选晴天将种子日晒2～3天，可使种子出土整齐。同时剔除杂子和瘪子。

（2）种子消毒。常用的药剂消毒方法是用福尔马林100倍液浸种30分钟（事前浸种2个小时），或50%多菌灵可湿性粉剂500倍液浸种1个小时，能防止炭疽病、枯萎病的发生。用10%磷酸三钠溶液浸泡20分钟，可以减少西瓜绿斑花叶病毒。

（3）**浸种**。浸种可以软化种皮，加速发芽。浸种时间长短与种皮厚度、浸种的水温有关，一般种皮厚的大粒种子浸种时间可以长些，而种皮较薄的小粒种子浸种时间短些。温水浸种时间短些，而凉水浸种时间长些。一般浸种2个小时基本可满足种子发芽的需要。浸种时间过长，水温过高，种子养分会损失，反而影响发芽。温汤浸种可以杀死种子表面附着的病原菌，起到消毒作用，通常是以54℃左右温水浸种，边浸边搅拌，约半个小时降至室温，再浸2个小时即可。

（4）**催芽**。浸种后将种子清洗、沥干水后催芽。用透气的纱布或粗布将浸湿的种子包裹，置于30℃左右的温度下催芽，可以利用温室火道、电热毯、热水瓶、电灯泡等热源加温，但必须预先测定和控制适宜的温度。温度过高，常引起裂壳（种子开口，胚根不伸长，种胚腐烂）。因此，用恒温箱催芽效果比较好。在催芽过程中，纱布及种子湿度不宜过高，否则通气性差，容易产生真菌，引起烂子。必要时，以温水淋洗后继续催芽。

催芽的标准是胚根长3～4毫米，过长播种困难，容易伤根。种子发芽有先后，可分次把符合标准的芽拣出，以湿沙拌匀，在15℃左右条件下保存，待催芽结束再统一播种。

14 如何确定西瓜播种期？

我国南北气候条件相差很大，有些地区又因地势地形的原因形成各种不同的小气候，因此西瓜的播种期应根据当地的气候情况，以及种植目的和市场情况来确定。

（1）**根据当地的气候情况而定**。西瓜种子发芽的最低温度为15℃，发芽适宜温度为20～25℃，幼苗生长适宜温度为25℃。如没有其他的保护措施，只能根据当地气象情况，当土壤温度稳定在15℃以上时才开始播种。但在有保护措施（如温室、大小拱棚等）的情况下，则可以提前播种。

（2）**根据设施条件、种植目的、市场需要而定**。以江苏为例，如种植目的是抢早市，供应苏南、上海等市场，则可以在1月上中旬播种，营养钵（或穴盘）大棚电热育苗，2月中下旬定植，4月下旬至5月初开始收获；若是正常春播则在3月上旬播种，4月上旬定植，6月中旬开始收获。

15 **如何选择西瓜育苗设施？**

可根据栽培季节、气候条件的不同，选用日光温室、塑料大棚等育苗设施及辅助设施，创造适宜幼苗生长发育的环境条件。

（1）**冬春育苗设施。** 低温寡照季节，在日光温室、塑料大棚等设施内育苗，可采用辅助草帘、无纺布等保温材料，电热线、热风炉等加温设备，白炽灯、太阳灯等补光设备，这样有利于培养壮苗（图1-35）。

图1-35 育苗日光温室

（2）**夏秋育苗设施。** 高温多雨季节，应选择在地势高燥、排水良好的棚室内育苗，采用遮阳网降温，塑料薄膜避雨，防虫网防虫。

苗床应选择避风向阳、排水良好、近年没有种过瓜类作物、靠近大田的地段。苗床周围或北侧设置风障，以挡风保温。苗床的方向：拱形棚以南北向为宜，可使受光均匀；单斜面苗床，以东西向为好，斜面向南，提高保温性。为预防寒流对育苗的影响，最常采用电热温床育苗（图1-36）。

首先检测电热线、温控仪等温度控制系统。电热温床先挖掘宽120厘米、深20厘米的床穴（长度视育苗数而定），底部要平整。地下水位高的地区，可先铺一层薄膜，以防地下水位上升影响土温，其上铺10～12厘米的木屑、砻糠或干草灰作为隔热层。上面再铺3～4厘米厚的细土，踏实，然后布线。每平方米苗床需要的功率数，取决于当地的气候条件及育苗季节，淮北一般每平方米需80～120瓦，苏南需50～70瓦。布线间距根据每平方米所需功率和电热线的规格来决定，如3月下旬育苗要求土温达20～28℃，每平方米功率为50～70瓦，若用800瓦电热线，则布线间距10～13.5厘米。为克服苗床四周温度较低的问题，边行间距可适当缩小，中间适当放宽，而全床平均间距不变。接线时

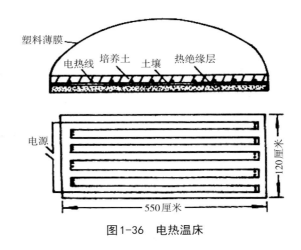

图1-36 电热温床

切记电热线的功率是额定的，使用时不得剪断或联线，布线不得重叠交叉、结扎，以免通电后短路烧线。最后连接温控仪、感温探头。通电时间一般从晚上8时开始至第二天清晨6时止。注意用电安全，防止触电和火灾。苗床完成后放置营养钵或穴盘。

16 西瓜育苗的营养土如何配制?

培养瓜苗的床土要求肥沃，松紧适度，保水保肥，无病菌，无虫卵和杂草种子。西瓜根系生长需疏松土壤，但营养土过松移植时带土困难，容易造成伤根而影响成活。因此，采用营养土育苗应松紧适度，而作为子叶苗则应疏松，便于起苗。床土可用稻田肥沃表土、风化的河塘泥、厩肥，加适量磷肥、钾肥堆制。具体配比根据当地土质灵活掌握，南方一般稻田表土占2/3，腐熟厩肥占1/3，每立方米土加过磷酸钙1千克，土与肥料需捣碎混拌均匀。

为防治病虫杂草，应选择在未种过瓜类作物的田块取土，取后进行土壤消毒，厩肥应充分腐熟后使用。常用的土壤消毒方法是：用福尔马林200～300毫升，加水30千克，均匀地喷在1米³的土里，然后覆盖薄膜熏蒸2～3天，进行充分灭菌，这样可以杀灭猝倒病和菌核病的病原。最后摊开散发药气后使用。

也可以使用商品基质育苗，购买时注意选用品牌产品。选用西瓜专用基质，或用东北草炭、珍珠岩、有机肥，以6：3：1充分搅拌，育苗前一周，每

立方米用50%多菌灵可湿性粉剂0.5千克，充分拌匀进行消毒待用（图1-37）。

图1-37　商品育苗基质

17　西瓜育苗时怎样进行播种？

　　应用营养钵或穴盘等容器育苗，必须使整个畦面平整，才能浇水均匀，覆土厚度一致，保证出苗整齐。苗钵（穴盘）之间要排紧，用松土塞紧孔隙，以节约苗床面积，更重要的是保温、保湿（图1-38）。

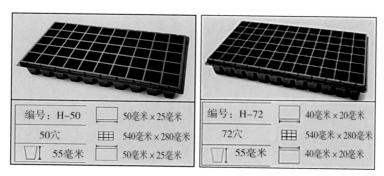

图1-38　育苗穴盘

　　播种前苗床充分浇水，一般分两次喷洒，以保证种子发芽、幼苗生长所需要的水分。种子平放，催芽的种子胚根朝下，以便于出苗。覆盖厚约1厘米的干细土（基质），覆土厚度一致，播后不再浇水，保持床面疏松，以利于土壤升温。覆土过浅、表土过干，都容易出现种壳不易脱落的"戴帽"现象，影响子叶的开展和幼苗的发育。若表土干燥，床面出现裂缝，可适当喷水或撒细土。

　　播种后，床面盖1层旧塑料膜或地膜，以保持土壤湿度，再在拱架上严密覆盖农膜，提高床温。地膜应在种子即将出苗时揭除，防止高温伤芽。

选择晴天播种是快速出苗、防止烂种的关键。因此，在播种季节注意气象预报，抢晴天播种，4～7天便可出苗。播种后，如遇连阴天床温过低，则需10天左右才能出苗，或造成种子腐烂。

 西瓜出苗时苗床如何管理？

（1）**及时检查**。西瓜催芽播种后4～7天可以出苗，干籽直播后8～10天可以出苗，达到预定天数若不出苗，就要及时进行苗床检查，检查是否存在床温过低、床土过干的问题或有无烧苗现象，发现问题应及时解决。

（2）**及时揭膜**。瓜芽出土60%时即可揭去苗床上面所盖地膜，以防烤苗或徒长。瓜芽出土时苗床土太干或太湿顶块，都会引起芽根暴露干死，影响成活和其他种子出苗，应及时采取相应措施，覆水将表土压实或将土块揉碎重新将苗子盖好。

（3）**及时"去帽"**。由于覆土过薄、过干、颗粒过粗，或由于品种原因，种子会带种壳出土，这样子叶不能正常展开。应在刚揭膜、覆水后或每天早上通风前苗床土湿润时及时"去帽"。"去帽"时用双指沿种壳平面方向将种皮捏开后去掉，为防将苗拔起，左手可适当捏住瓜芽下胚轴固定。

（4）**适当通风**。为保证出苗，出苗前苗床一般不通风，保持较高的床温和湿度。而高温高湿最有利于瓜苗的徒长，因此，瓜苗大部分出土后应适当对苗床通风，降温降湿，控制徒长，减少病害。同时又要保持一定的苗床温度和湿度，保证未出土的瓜苗继续出土。

 西瓜苗期苗床如何管理？

（1）**温度管理**。①播种至瓜芽出土，需较高的温度以加速出苗，因此苗床应严密覆盖，白天充分增加光照以提高床温，夜间加温和加盖草帘保温。②出苗到1片叶是瓜苗下胚轴生长最快的时期，应加强苗床通风，适当降温，以控制瓜苗徒长。白天20～25℃，夜间15～18℃。若此时床温过高，则下胚轴徒长。真叶开展以后，胚轴比较老健，不易徒长，温度可适当提高，白天维持在25～28℃，夜间维持在15～17℃。大田定植前1周左右，应逐步降低床温，对幼苗进行揭膜锻炼，以适应大田气候条件。

通风要逐步增加，首先揭两端的薄膜，而后在侧面开通风口。通风口应背风，以免冷风直接吹入损伤幼苗，午后及时覆膜保温。晴天要密切注意床温，避免高温伤苗。苗床温度管理是早春西瓜育苗中十分重要的环节。若通风偏少，床温过高，易导致幼苗生长细弱，适应性差；若片面强调降温锻炼，过早揭膜，又易造成瓜苗生长缓慢，严重时形成僵苗。正确的方法是按以上温度要求，根据幼苗生育状态，采取分段管理，在一定的天数内育成一定大小的幼苗，如30～35天育成3片真叶的大苗，才符合要求。

（2）**光照管理**。西瓜需强光，在塑料薄膜覆盖下，光线的透过率为70%左右。如苗床内温度高，水汽多，则透光率更低。因此，在管理上要尽量争取较多的光照，如采用新膜覆盖、保持薄膜清洁等，以提高光线的透过率。在苗床温度许可的范围内，早揭晚盖，延长见光时间，适当通风降低苗床内湿度，以提高透光率。晴天可揭除棚膜或大通风，即使阴雨天也应在苗床两头或侧面开通风口，达到防雨、通风和增加光照的目的。

（3）**水分管理**。苗床的水分要严格控制。由于播种前充分浇水，播种后严密覆盖，水分蒸发少，基本上可满足种子出苗对水分的要求。出苗后，也不轻易浇水，因浇水会降低床温，增加苗床湿度，容易发生病害。当种子出土，床面发生裂缝时，撒1层松湿土，可防止水分蒸发，增加土表湿度。齐苗时，再覆1层土。通过多次覆土，增加土壤湿度，加厚土层，增高土温，促进发根。

育苗中后期气温较稳定，苗床通风量增加，床面蒸发量大，幼苗生长老健，应适当浇水。通常在晴天午间浇水，浇水量要控制，浇后待床面水汽散失后覆膜，以免床内湿度过高。以后，随着幼苗的生长，浇水量和次数逐渐增加。定植前5～6天应停止浇水以控制幼苗生长。西瓜苗期短，苗期不必多次追肥。如发现缺肥，可用0.2%尿素或磷酸二氢钾，做根外追肥，通常与防病结合进行。

（4）**病害防治**。主要是防治猝倒病、炭疽病等。其防治方法以种子、土壤消毒和控制苗床温度、湿度提高幼苗素质等综合措施为主，发病后可采用50%甲基硫菌灵可湿性粉剂600～800倍液、75%百菌清可湿性粉剂800～1000倍液喷洒1～2次。

㉔ 西瓜壮苗标准是什么？

在形态上，粗壮老健，下胚轴粗短，子叶充分发育、肥厚、开展，节间短，真叶舒展，叶色深绿，根系发育好，白嫩，从营养钵或穴盘中拔出成塞子状紧紧网住基质；在解剖上，组织排列紧凑，具有发达的保护组织；在生理上，组织的含水量较低，细胞液浓度和含糖量较高。具备以上性状的幼苗耐寒性高，适应性强，具有较强的生理活性，定植后容易成活，恢复生长快。西瓜幼苗的大小，可以根据当地习惯、育苗的设备及技术水平划分，一般分为子叶苗、小苗（1～2片真叶）、大苗（3～4片真叶）。苗龄大，发育提前，从而提早结果，成熟期也早。但并不是越大越好，因为苗大，根系的分布范围也大，移植时容易损伤根系，影响幼苗活棵生长，甚至形成僵苗。培育大苗以具有3～4片真叶为宜（图1-39）。

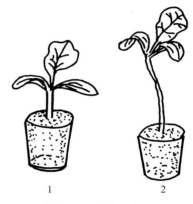

图1-39　西瓜正常苗
1. 正常苗　2. 高脚苗

㉑ 西瓜苗期容易出现哪些问题？

（1）**烧苗**。因苗床土施肥过多、施未经腐熟的有机肥或床温过高而致。瓜芽出土前发生烧苗时，瓜芽呈蒜瓣状，上小下大，无主根或无根毛，主根表面呈锈黄色。瓜芽出土后发生烧苗时，子叶呈缺水状，小且浓绿，有萎蔫或新生真叶黄白，呈黄心苗。防止苗床烧苗首先要控制苗床施肥量，少施农家肥或不施未经腐熟的有机肥，最好采用复合肥拌土，严格控制施肥量。一般每亩苗床拌0.5～1千克。烧苗的苗床要勤上水，甚至于大水冲肥，严重时还要换土和遮阴。

（2）**种芽"戴帽"**。主要原因及措施如下。①覆土过薄。在播种时，根据种子体积大小来掌握播种深度，小粒种子可浅播，大粒种子可深播；也可采用播后抓土堆的方法，对大粒种子浅播，播后在播种穴上抓点潮土，使种子上面隆起一个高1.5～2厘米的小土堆，这样既可以增加土壤对种壳的压力促使"去帽"，又有利于提高地温、加快出苗。②覆土过干。覆土要干湿适宜，并在播后采取保湿措施，比如盖一层地膜等。③种子问题。比如无籽西瓜种子由于种胚发育差、种皮厚，在育苗过程中容易发生"戴帽"现象。

（3）**瓜苗生长点缺失**。主要有以下几个方面的原因。①肥害或药害。刚出土的瓜苗，生长点较幼嫩，耐肥、耐药能力较弱。此时，如果叶面喷药或追肥的浓度偏高或者喷洒量过大，极容易使生长点受到药害而停止生长。②冷害或冻害。幼苗遇低温受到冻害或冷害时，生长点往往会被冻死而缺失。③用经过长时间贮藏的陈种子播种。一般西瓜种子的有效使用时间常温下可干燥保存3年。用贮存3年以上的陈种子播种，无生长点的瓜苗相对增多。

（4）**西瓜僵苗**。主要是由低温、干旱和缺肥造成的，其外部特征不一样。①由于播种过早或遭遇连阴雨天，苗床温度过低引起的僵苗，子叶较小，边缘上卷，下胚轴太短，真叶出现后迟迟不能展开，叶色灰暗，根系不发达，颜色呈黑褐色。②由于苗床干旱而引起的僵苗，子叶瘦小，边缘向外翻卷，叶片发黄，生长缓慢，根系锈黄色。③由于土壤施肥过少而引起的僵苗，子叶上翘，叶片小而发黄，向上卷起，有时边缘干枯。

西瓜出现僵苗后，不但生育期推迟，影响早熟效果，而且对西瓜的产量和品质也有不良影响。因此必须及时预防，措施主要有以下几种。①加强增温保温措施，控制通风量，尽可能使苗床接受更多的光照，提高床温。在育苗季节经常出现低温天气的地区，应采用加温苗床育苗。②加强苗期肥水管理，适时适量浇水。③注意营养土中肥料比例，若怕肥大烧苗，在营养土配制过程中一般不使用鸡粪和速效化肥。

（5）**徒长苗**。表现为下胚轴细长，叶柄长，叶片小，叶色淡，苗细弱。主要原因是育苗时苗床温度、湿度过高，尤其是在幼苗露心前不注意放风降温。因此，在苗床管理过程中，通风降温一定要及时。

（6）**猝倒病**。苗床土壤温度低、湿度大、光照弱、通风不良等条件不利于瓜苗的生长，易造成猝倒病菌的生长与繁殖。因此，提高土壤温度、通风降湿、增强幼苗的抗病能力是预防猝倒病发生的有力措施。一旦有猝倒病发生，要立即用药剂进行防治，阻止病害蔓延。

（7）**闪苗**。是指在苗床内温度较高、外界温度低的情况下，骤然放大风，幼苗由温度、湿度较高的环境猛然转入低温干燥环境，不能适应而引起的叶片失水萎蔫。预防的方法是：苗床放风要由小到大，逐步进行，使幼苗慢慢适应变化了的环境；浇水或打药需要揭棚时，一定要在晴天日出后气温回升时进行。

（8）**灼苗（烤苗）**。多发生在育苗过程的后期、晴朗天气的午后。太阳直射苗床内，使棚内温度升高，尤其是在苗床湿度较小的情况下，幼嫩的叶片因此失水、干裂，甚至死亡。特别是靠近塑料薄膜的叶片，症状更为严重。防止灼苗出现的办法主要是苗床及时浇水保湿，在晴朗天气的中午要加大放风，勿使苗床内的温度过高，同时注意避免幼嫩的小苗突然见到强烈的光照。

22　西瓜定植前如何炼苗？

春西瓜幼苗一般在半保护的情况下生长，一旦移植到自然环境下，温度、湿度等条件都发生了较大变化，幼苗成活容易受到影响，并易出现"僵苗"现象。因此，在定植以前，必须进行一些技术处理，栽培上称之为"炼苗"，也就是使幼苗在定植前先得到锻炼。

（1）**延长揭膜时间，使幼苗适应自然状态下的温度和湿度**。在移植前2周，必须逐步缩短覆盖时间，直到夜晚完全不盖，使幼苗完全适应大田气候，缩短移植后缓苗时间。

（2）**控制水分**。定植前5～6天，要控制苗床水分，不浇水或少浇水，同时可使营养钵里的土稍紧实，减少移苗时营养钵土（穴盘基质）松散断根，影响成活。

（3）**喷药防病**。在大田移植时，容易损伤叶片，伤口易受细菌侵染致病，因此在移植前后都要喷一次杀菌药，可以起到防病作用。

23　西瓜幼苗定植时需注意哪些问题？

幼苗从营养钵（穴盘）移植到大田的工作，要求十分细致严格。定植技术与以后幼苗的生长有直接关系，定植是保证幼苗正常发育的重要环节。为此，必须做好以下工作：

（1）大田土壤准备。大田整地、施肥、起畦工作，要在定植前1周完成，使松土稍紧实再种。植穴周围的土壤要细碎，畦面要平整。

（2）定植前应淘汰病苗、弱苗、僵苗，然后将苗分成大、中、小几等，分片种植，使每片苗大小一致，便于进行管理。

（3）使用纸做营养钵的，在移植时可以连钵移入定植穴；如是塑料做的营养钵，则要除去塑料钵，除去时应小心，根泥不能松散。幼苗放入定植穴要小心轻放，然后四周用碎泥填充，轻轻压实。根周围不能放入大土块，以防根部泥土空隙太大，造成根系漏风，引起植株凋萎。

（4）种植后浇好定根水，使幼根舒展并与大田土壤紧密相连，然后铺上地膜，可以升高土壤温度和减少水分蒸发。

（5）种植穴不能太深，以覆土后比原来营养钵泥面高1厘米左右即可。种较小幼苗时，覆土不能贴近子叶，以保持1厘米以上距离为好。

定植时间应视当地气候来定，一般是在地温稳定在15℃以上、气温在18℃以上时，选择晴天无风天气进行。

24 如何确定西瓜定植密度？

每亩西瓜苗种植株数多少与气候（播种时期）、品种（早熟种或迟熟种，大果或小果）、土壤的肥力水平、整枝方式、管理水平及栽培目的等有密切关系。合理的密植可以形成适宜的群体结构和叶面积指数，能充分利用光能、空气、水分和养分，制造较多的有机营养物质，供应植株生长。西瓜种植密度必须在保证单位面积内有一定的基本蔓的基础上，根据下列情况进行适当调整。

（1）种植密度与品种的关系。 西瓜品种有早熟、晚熟之分。早熟品种生长期短，枝、叶面积较小，可以适当密些，一般春植可以种800株/亩；晚熟品种生长期长，枝繁叶茂，地上部分占地面积大，相对就要疏些，一般500～600株/亩即可。同样道理，小果品种每亩可以种植1000株，而大果品种每亩只能种植500株。

（2）种植密度与气候的关系。 春季前期温度较低，西瓜中熟种的生长期为100天；但同一品种在秋植时，因温度高，个体发育快，只用85天即可采收。生育时间短的，地上部分面积就小，可以适当密植，而地上部分占地面积大的，就要适当稀植。

（3）**种植密度与土壤肥力的关系**。西瓜是一个需肥较多的作物，在肥沃的土壤里种瓜，营养状态好，枝叶茂盛，叶面积指数大，地面覆盖面积也大，需适当稀植；在旱地种瓜，因水肥状况差些，植株长势受到限制，覆盖面积不大，就可适当密植。

（4）**种植密度与整枝的关系**。西瓜如放任生长，单株地上部分的占地面积可达2米^2，采用整枝的方法可调节单位面积上蔓数与坐瓜数以期达到较为合理的水平。按中等水平的瓜田来计算，每亩地留蔓1000～1800条较合理。一般来说，整枝比不整枝的要种得密些，单蔓整枝比多蔓整枝要种得密些。

（5）**种植密度与不同栽培目的的关系**。一般露地种瓜栽培管理比较粗放，适当稀植可以充分发挥个体的潜能，使单瓜重量增加，以达到增产目的；但早熟保护栽培就要适当增加种植密度，利用早期结果多的优势来增加产值；作为留种瓜，则应以密植多果栽培，通过多果数来达到增加种子产量的目的。在一定的范围内，单位面积里种植株数越多，结果数和单位面积产量随之增加，但密植后果形变小，商品率反而降低。稀植固然可以增加单果重量，但由于单果数少，也难达到丰产要求。

合理密植就是找到单位面积上结果数最多，而较少影响单果大小的种植密度。

25 西瓜的施肥原则是什么？

（1）**基肥与追肥并重**。西瓜生长期短而产量却比较高，施足基肥至关重要，且基肥以肥效期长、养分丰富的有机肥为主。基肥施用量少，或偏施化肥，尤其是偏施化学氮肥，易使西瓜抗病性下降，品质降低，植株后期早衰。

（2）**有机肥与无机肥结合**。施用有机肥能改良土壤结构，改善土壤中水、气供应情况，促进根的吸收。无机肥则能较快地给西瓜补充养分。

（3）**氮、磷、钾三要素要配合施用**。在相同的基肥水平下，氮、磷、钾配合施用比偏施尿素产量增长11.2%，可明显改善果实品质，提高含糖量。

26 如何掌握西瓜的施肥时间和方法？

西瓜植株在不同的生长时期对肥料种类、数量的需求都有所不同。

（1）**幼苗期**。幼苗期根系范围小，根相对较浅，整地时深施的基肥难以被根系吸收利用，应施适量的速效氮肥，促进根系和地上部分生长。在播种或移植时，每亩浅施5千克复合肥；直播苗则于4～5片真叶、土壤湿润时，距苗根际约10厘米处，开浅沟施入5～10千克复合肥。苗期施肥切忌离根太近或用量过多，以免烧根而形成僵苗。

（2）**伸蔓期**。西瓜6～7片真叶以后开始匍匐生长，植株进入生长旺盛期。此时期，植株除了迅速扩大地上部分外，还需要积蓄大量养分以供开花结果之需。在瓜苗长30～40厘米时，距根部40厘米处开沟，将土杂肥和复合肥混合施入，与土拌匀后培好畦面。一般每亩施饼肥25千克、复合肥10千克，和土壤混合后覆土。这次施肥，由于是迟效肥、速效肥配合，氮、磷、钾三要素俱全，肥效可维持1个月左右，对开花坐果有很大好处。

（3）**结果期**。当大部分植株坐果、幼果有鸡蛋大时，开始施结果肥。本次施肥的目的主要是促进果实膨大，同时保持植株生长势。一般是施用复合肥，每亩15千克，用棍棒在离西瓜根部45厘米处插洞，深约10厘米，后将复合肥施入。如天旱，可在洞里淋水。如种植大果品种或迟熟品种，则在第1次施肥10天后再施1次，这样可保持植株长势，有利于第2次结果。结果肥应根据长势适时施用，如长势很旺，可适当推迟几天；如长势弱，则可提前。施结果肥可与灌溉结合进行，采收前1星期应停止施肥灌溉。

27 施肥的种类、数量与西瓜的产量、品质有什么关系？

西瓜在生长发育过程中，吸收最多的营养元素是氮、磷、钾三要素，它们对西瓜的生长发育及果实的膨大、促进有关生理活动等，都起着不可替代的作用。

（1）**氮**。氮是叶绿素的主要组成成分。增加氮肥营养，能增加叶片中叶绿素的含量，提高光合作用效能，促进枝叶生长和果实的膨大，对产量增加起着重要作用。当氮肥不足时，植株生长缓慢，叶片变小、变黄，果实发育不良，产量明显下降。但氮肥施用过多时，也会引起徒长、影响坐果或导致小果脱落、延迟成熟、果实含糖量降低等，影响品质。特别是在外界不良气候条件影响下，后果更加严重。

（2）磷。磷可以促进根系生长发育，提高幼苗的抗寒能力。它参与细胞分裂、能量代谢、糖的转化等生理活动，能增加果实含糖量，有效地提高果实品质。

（3）钾。钾能促使植株生长健壮，增强抗病性和植株养分运输能力，有提高果实含糖量、改善果实品质的作用。

在合理施用氮肥的情况下，西瓜的产量随氮肥的施用数量增加而增加。增加钾肥可以提高氮、磷的吸收。在相同的氮肥条件下，增施钾肥可以提高单位氮素的产瓜量；相反，在钾肥水平相同的情况下，氮肥的增加会使亩产量降低。可见，在增加钾肥的同时，必须同时增加氮肥的施用量。

西瓜不同生育期对氮、磷、钾肥料的施用比例有所不同，前期从促进根系生长角度考虑，应以磷肥加速效氮肥为主，氮、磷、钾三者的比例是1:2.2:0.5；伸蔓期至开花期应控制氮肥施用，避免营养生长过旺，氮、磷、钾的比例应是1:1:0.5；坐果以后，应以促进果实生长为中心，并增加钾肥的施用量，比例为2:0.5:1（以上是指肥料的有效成分的比例）。

果实膨大期的叶面积对果实的大小和产量有很大的影响，因此，通过合理施肥、保持叶片正常功能、防止早衰脱落、保证果实膨大期有足够的养分供应，是西瓜施肥的目的和任务。

28　怎样对西瓜进行根外施肥？

西瓜在整个生长发育过程中常受到植地环境、气候、病虫害及一些人为因素的影响，表现出营养不良、徒长或缺乏某种元素等症状。通过根外施肥可以缓解这些症状。根外施肥一般在苗期和坐果后期使用。

西瓜苗期根系生长较慢，吸收肥料不多，如再遇上冷空气、干旱等不良气候条件，苗期生长受阻，根系也会萎缩。此时通过进行叶面施肥，可以迅速补充所需养分，一般用 0.2%～0.5% 尿素溶液或硫酸铵液，喷洒叶面和叶背，每隔 5～7 天喷洒 1 次；磷肥一般用 0.4%～0.5% 的过磷酸钙浸出液或 0.2%～0.3% 磷酸二氢钾液；钾肥主要用 0.4%～0.5% 的硫酸钾溶液。具体可根据植株大小、天气情况来掌握。植株幼小时，浓度应低些，而在坐果期则可高些；气温高、空气湿度小时，浓度可低些，反之则可高些。

因为各地出品的肥料种类不同，填充物也不一样，所以，使用时应注意以下几点。

（1）选用可溶性好、杂质少的肥料。使用前应先做试验，正确掌握浓度，防止产生不良反应。

（2）与农药混合施用时，必须注意农药的性质。酸性农药只能和酸性肥料混合，碱性农药只能和碱性肥料混用。如酸碱混用，就会产生副作用或降低使用效果，只有中性肥料才不会受其影响。

（3）不能在中午和烈日下进行根外施肥。高温下水分蒸发快，影响营养元素的吸收，或药液在叶面积累而浓度增大，形成肥害。

（4）叶片上气体交换或吸收，大部分是通过气孔进行的，而气孔又主要在叶的背面，所以在喷肥时，叶面、叶背要喷洒均匀，特别要不时摇晃喷筒，以免底部浓度增大。

29　西瓜对水分的需求有哪些特点？

一方面，西瓜根群分布很广，地上部分生长也十分繁茂，为了本身生长和叶面蒸发需要，它必须从土壤里吸取大量的水分。另一方面，西瓜根群好气性较强，它又要求土壤里不能有太多水分，以防没有足够的氧气供根群呼吸。总的来说，西瓜对水分的要求是：空气相对湿度 50%～60%，土壤含水量在 75% 左右。西瓜一生中对水分要求比较敏感的时期是开花期和果实膨大期。生长前期的水分稍缺，可以诱使根系深扎，但如在授粉期水分不足，就易造成雌花发育不良，授粉受精作用受阻。土壤水分不足也会造成空气过于干燥，影响花粉发芽，授粉不良，幼果脱落。果实膨大期的水分供应是决定产量高低的关键，此时如水分不足，则果形小，果实发育不良。如果实前期缺水，则果实扁圆，皮厚空心；如在膨瓜期供水不匀，就极易引起裂果。

南方种植西瓜时灌溉需要注意哪些问题？

南方春季栽培西瓜，开花坐果期正处于降雨较为频繁的季节，土壤水分充足，灌溉措施一般少采用。值得注意的是，大雨后做好土壤排水工作，以免因渍水造成根群缺氧。天气干旱，西瓜需要灌溉时要掌握以下几点。

（1）前期应控制灌溉，不可漫灌。可用地膜覆盖、根际覆草、松土等方法来保持土壤水分，浇水过多会影响土壤温度的提高，对幼苗生长不利。

（2）西瓜根系生长需要良好的通气条件，避免根群窒息腐烂。干旱需要灌溉时，一般采用膜下软管滴灌的方法，沟底见水即停。

（3）灌溉时间应根据气候条件进行调整。夏天气温高时，应在傍晚或晚上浇水，避免土温变化差异过大，影响根系正常生长。干旱时以小水勤灌为好。

（4）在收瓜前1星期，应停止浇灌，以免降低西瓜品质和贮藏运输的性能。

怎样对西瓜进行整枝？

整枝是西瓜伸蔓后田间管理的重要措施之一，是有目的地剪去一些枝蔓，调整叶面积指数，使枝蔓合理分布，以提高光合作用效能，改善地面通风透光状态，节约养分，防止和减轻一些病虫害的发生与为害。整枝要根据品种的发枝能力、种植密度、土壤肥力、施肥水平而定。在温度湿度高、雨水偏多的地区，更应重视整枝技术的应用。在土壤相对瘠薄干旱的地方种植西瓜时，蔓的长势不强，也应及时剪去瘦弱枝蔓，使其集中养分。因此，不论是采用何种栽培形式，都应在西瓜伸蔓时就开始进行整枝工作。整枝强度可以根据土壤肥力、种植密度来定，整枝方式一般有如下几种。

（1）**单蔓整枝**。只保留一条主蔓，其余的在生长期中先后除去的整枝方式。单蔓整枝，植株茎蔓粗大，叶片肥大，雌花发育良好。但因单蔓，雌花少，花期如遇不良天气，将严重影响产量。除有些地区留种上应用大棚立架栽培外，生产上一般不采用此种整枝方式。

（2）**双蔓整枝**。除主枝外，选留一个从根颈部抽出的、较强壮的侧枝，形成一主一副、平行生长的2条枝蔓，其余的先后剪除。采取双蔓整枝后，植株叶面积系数较大，光合作用产物积累较多，营养生长和生殖生长的关系较易调整。在管理正常的田间，主蔓和侧蔓上的雌花先后开放，增加了坐果机会，保证了西瓜坐果率。

（3）**三蔓整枝**。保留主枝，同时选留两侧（各1条）生长均匀的侧枝，其余的除去。这种整枝方式在南方西瓜栽培中应用较普遍。采用三蔓整枝后，单株叶面积大，土壤覆盖率高，蒸发量减少，防止或减少了坐果后期土壤水分的不足。雌花数量增多，有效地提高了坐果率，保证了产量。

（4）**多蔓整枝**。主枝在6～7片叶时摘去生长点，任其基部萌发多个侧枝，选留其中壮健的多个侧蔓，称为多蔓整枝。这种方式生产上不常用，主要用于生长势较强的晚熟品种，摘去主蔓生长点，削弱了品种生长势，加强营养物质的转化，有利于雌花的形成，且侧枝花期相近，能缩短授粉期，增加坐果率（图1-40）。

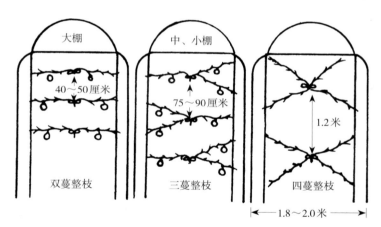

图1-40 西瓜瓜蔓配置示意

（5）**放任栽培**。即生长过程中不进行整枝。这种方法一般在发蔓力差的品种、新开垦地、瘠薄土壤、劳动力缺乏的地方应用。放任栽培一般疏植，枝蔓多，叶面积大，雌花多，结果机会也多，但营养分散，果实大小不整齐。但如在肥料充足的情况下，则可以形成大瓜。放任栽培生长期延长，且枝蔓重叠，畦间荫蔽，易发生病虫害，要注意及时防治。

整枝时有哪些注意事项？

（1）整枝是调整生长势的一种方法，故强度要适当，应根据品种和植株的发枝能力、枝叶覆盖地面的情况来进行，不必强求统一（但在同一块地里要统一，以利于其他管理工作的进行）。整枝强度过大，会抑制根系生长，造成植株早衰；整枝强度太轻，则易使地面郁闭，通风透光不良，引起病虫害的发生。整枝应和引蔓同时进行，引蔓的方向应一致，以便授粉、喷药、收获等田间管理工作的进行。生产上一般是顺风引蔓。

（2）整枝要分次、及时进行，不能过早或一次进行。过早进行则营养面积太小，不利于根系发育；过迟则浪费了养分。第1次整枝一般在主蔓长50～60厘米、侧蔓长15厘米左右时开始，以后每隔5天进行1次，共进行3～4次。开花坐果后因养分逐步转移至果实，生长量逐步减少，就不用再整枝。在生长旺盛的地里，特别是氮素营养比较充足的田里，常常可以看到在侧蔓上再长出孙蔓，也要及时剪去。孙蔓的发生，和阴雨天气多、阳光不足、田间郁闭有直接关系。

（3）整枝应在晴天下午、枝叶水分略减少时进行。避免折断枝叶，另外，也可使伤口迅速干燥愈合。整枝后应喷药防病。

怎样对西瓜固蔓和引蔓？

固蔓的方法很多。在北方干旱地区，土质较疏松，雨水不会积聚在地表，一般是用土压蔓，在被土压住的茎节上，能产生兼有吸收作用的不定根。在南方，特别是在水田地区，土质较黏重，土表经常保持湿润，瓜蔓经常接触湿土，兼受高温影响，极易引起腐烂和病害，所以采用的是畦面固蔓的方式。用树枝、竹枝或铁线，做成钩状，将蔓卡在指定位置。固蔓工作在主蔓刚开始匍匐生长时进行，先压蔓的基部，使瓜蔓向同一方向匍匐生长，以后每隔6～7片叶进行1次，共进行3～4次。以后畦面蔓多叶多，地面空地少，把瓜蔓生长点往空的地方引即可。不能让瓜蔓落到畦沟里，以免引起病害和影响田间操作管理。固蔓应注意雌花出现的位置，在雌花前后二、三节不宜固蔓，以免影响幼果发育。引蔓、固蔓工作同样应在下午进行，并注意防止茎叶损伤。压蔓工作应和整枝结合进行（图1-41）。

引蔓可以使每一条蔓在畦面上合理分布，可充分利用阳光，发挥叶片同化效能。蔓的排列在每一畦面应统一，应按季节、风向的不同，顶风引蔓。一般整枝和引蔓、固蔓工作同期进行。在自然生长的情况下，西瓜伸蔓后，生长在茎节上的卷须会自动地伸向地面上的依附物，如草、树枝、凸起的泥块及邻近的瓜蔓等。在初期，它们在空地上分布，能充分利用阳光，瓜蔓生长势强壮；但在后期地面密布茎叶时，茎蔓就交错攀爬，影响畦面通风透光而有利于病害发生。因此，引蔓固蔓工作就是将瓜蔓固定在指定的合理位置上，使之能充分利用阳光，不因风吹雨打而移动、摩擦，致使叶片受损，瓜果脱落。同时利用压蔓技术，还可以调节植株生长势，克服徒长现象。

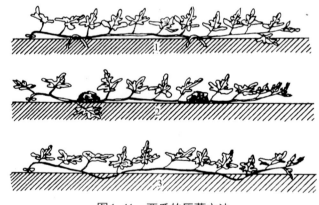

图1-41 西瓜的压蔓方法
1. 竹钉明压 2. 土块明压 3. 暗压

(34) 西瓜进入最适坐果期时有哪些特征？

在同一茎蔓上，西瓜的雌花、雄花是交替出现的，一般先开4～5朵雄花后才开1朵雌花。一般是主蔓先开，主蔓上第6～8节就可以出现第1朵雌花，这时植株较小，叶面积不足，积累的营养物质也少，子房发育不良，故而第1朵雌花大都萎黄脱落。以后开放的雌花，都具有正常发育的能力（图1-42）。

进入最适坐果期的植株有以下特征。

（1）植株已具有一定的营养面积，主蔓或坐果蔓上的叶片在25片以上，叶片生长正常。

（2）茎蔓在适宜坐果节位略呈扁圆形，并明显增粗。

（3）雌花花柄较粗而弯曲向上如烟斗状，子房大而色泽鲜亮，茸毛密而长。

（4）雌花位置距生长点30厘米左右，生长点微微翘起。

以上特征出现时，正处于主蔓20节前后，植株的叶片数在40片左右。如授粉当日天气晴好，授粉后小果保持鲜亮色泽并迅速膨大。

图1-42　西瓜的雄花（左）与雌花（右）

35 有哪些措施可以提高西瓜的坐果率？

在阴雨天气，水分充足，特别是在整枝工作不细致不及时、施肥不当的田里，田间荫蔽，植株极易徒长，难以坐果，通常要采用一些措施来促进坐果。

（1）剪除主蔓生长点，或弯曲主蔓呈90°角，抑制植株的生长势。

（2）剪除老枝黄叶，使地面保持适当的通风透光环境，并喷1次防病药物。这项工作在田间植株徒长、枝蔓重叠的情况下很难进行，所以应重视前期的整枝工作。

（3）使用促进坐果的植物生长调节剂。在正常情况下，不提倡使用植物生长调节剂促进坐果，但在不良天气条件或植株徒长严重的情况下可以辅助使用。生产常用的有坐果灵，在使用时需严格按照说明书的使用浓度和使用方法，否则容易形成畸形瓜，或导致果实品质下降。

（4）采用蜜蜂授粉（图1-43）。

图1-43 蜜蜂授粉

36 西瓜坐果后如何留瓜？

当授粉期阳光充足、温度湿度适当时，多蔓整枝的品种会出现一株多瓜的现象，如任其生长，则瓜多而小，商品价值降低，这时就要选留1～2个优质瓜，摘除其余小瓜，保证主瓜生长。掌握的原则如下。

（1）每条瓜蔓只留1个瓜。当主蔓上结果数天后，后面又结了1个瓜，前后只隔1星期，这时必然有1个瓜生长缓慢，果面色泽变暗，这时应果断摘除1个，以集中养分，供应主瓜生长。

（2）对于在不同蔓上同时坐果的瓜，在叶片生长旺盛、养分充足的情况下，可同时留下2个授粉日期相近的瓜。但以后单瓜重量比只留1个要小。

（3）摘除田间的畸形瓜、病虫瓜。

37 西瓜坐果后有哪些管理要点？

果实的生长可以分为坐果前期、果实生长盛期和坐果后期3个时期。坐果前期是授粉后的头7天，这时是细胞分裂增殖时期，体积虽增长不大，但各种组织已形成雏形。此时果实如鸡蛋大，表面茸毛逐步脱落，果实进入快速增长期。以后20天内，是果实生长盛期。这一时期，在肥水正常的情况下，果实迅速增重，瓜的体积可长到其终值的90%左右。坐果后期则进入果实内部的化学成分起变化的过程，如瓤色变红、糖分转化、种皮变硬、种仁充实等，这一时期果实体积增加不多。坐果后的管理工作大部分是在果实发育前25天内进行。这段时间的管理重心是延长功能叶片的寿命。如果叶片早衰或后期病虫害控制不了，则极易造成减产。具体措施如下。

（1）施用坐果肥1～2次。打洞施肥，切勿损伤枝叶或滴灌水溶肥，有时也可根外追肥。

（2）及时喷药，防治病虫害。喷药可结合根外追肥进行。

（3）天旱时注意及时灌溉。

（4）瓜下垫草。在瓜碗口大时进行。用草圈（或塑料垫）垫起西瓜，勿令其接触泥面，以保持果实表面清洁干爽，预防病虫侵害。

（5）及时翻瓜。坐果后约10天、瓜达到500克左右时将瓜往顺时针方向转1/4，使原来贴近地面的一边转上地面。隔5～6天，如此再转1次。每次转瓜只转1/4，果实生长期中，共转2～3次。转瓜要在晴天下午进行，并注意切勿拧伤果柄。翻瓜可使果实表面均匀地接受阳光照射，果实发育均匀，品种花纹明显。另外，也可使果肉色泽转色均匀，从而提高商品价值。

（6）在授粉时用不同色泽的绳子捆绑在坐瓜节位或绑标签，写上授粉日期，或用其他方法做好授粉日期的标记，作为以后采收的根据。待果实生长成熟时，根据授粉时期，就可按期采收（图1-44）。这种办法虽然琐碎，但对提高商品率、杜绝生瓜上市很有效。

图1-44 西瓜授粉标记法

怎样鉴别西瓜是否成熟?

适度成熟的西瓜除了含糖量较高外,皮色、瓤色、肉质等性状都能表现出品种固有的特征特性,生产上可根据这些特征来鉴别采收成熟度。

(1)根据雌花开放后的天数来计算。西瓜同一品种在一定的温度条件下,从雌花开放到果实成熟所需的时间是比较固定且一致的。比如,早熟西瓜一般从雌花开放到果实成熟需要30天,在雌花开放、授粉的时候以绑彩色绳或挂日期牌的方式进行标记,从而可以计算果实发育的时间。采收发育时间达到30天的瓜,则基本可以保证瓜的成熟度达到要求。

(2)观察果柄收缩情况及卷须的形态。随着果实逐步成熟,果柄直径也逐步收缩,在靠近果脐处收缩得更为明显,果脐凹陷,果柄上茸毛脱落。在果实节位一侧的卷须,一半枯黄。

(3)观察果实性状。果皮色泽由暗逐步透出蜡样光泽,花纹变为清晰,果粉退落,表皮光滑,果实着地的一面色泽金黄。

(4)拍打听声音。用一只手托住果实,用另一手指拍打果实,可感到果肉轻微震动。发出浊音的是熟瓜,发出脆音的是生瓜。发出"扑扑"声的瓜,就是过熟的瓜了。

以上田间鉴别的方法,由于品种的不同及生产区域或种植时期的不同,有些性状的表现是不一致的,也很难定出一个统一的标准,如收获始期的瓜,卷须不一定枯黄,而后期收获的瓜,未熟卷须已枯;肉质坚硬的品种,手拍不一定震动等。所以应以综合性状来决定。

(5)标记法。西瓜成熟期标记法是测知适期收瓜的好方法。它是以各品种的成熟需要一定的积温及日数为根据。开花授粉后,进行单瓜色标标记,按各个品种成熟所需积温或日数推算出成熟期。通过标记坐瓜日期和切瓜检查相结合,可以保证所采收的西瓜达到适宜的成熟度(图1-45)。

图1-45　西瓜成熟度标记法

西瓜采收时要注意哪些问题？

市场对西瓜果实商品性状的要求越来越高。收获期要根据西瓜的成熟度、市场供需、销售地点远近、天气等情况来确定，但其核心就是要保证西瓜的质量。

（1）**收获前1周，不施肥水、不喷药。**这样做是为了避免西瓜含水量过高、降低糖度，也是为了避免贮运中病虫害的发生。

（2）**分次采收。**在晴天上午进行采收，因为上午果实温度较低，利于装箱贮运，也减少了贮藏病害的发生。但果皮较薄的品种应在傍晚采收，避免裂果。采收时注意不要践踏瓜蔓和叶片，以免影响后续瓜的生长。

（3）**采收成熟度应根据销售地点的远近来适当调整。**如采收后需运输1周才到市场的，则可以在八成熟时采收；如3～5天到达的，采收成熟度可掌握在九成熟时采收；如在当地销售的，应在九成熟以上采收。在七八成熟时采收的瓜，是利用瓜的生理后熟作用来促其成熟，但糖分的转化受阻，只红不甜，风味较差。

（4）**采收成熟度也要参考品种的某些特性。**肉质疏松的品种，应比肉质紧密的品种提前采收，后者因肉质致密，贮存期相对较长。采瓜时要用剪刀在果柄基部剪断，也有的要剪留坐果节前后一节瓜蔓，以助果实后熟（图1-46）。

图1-46　西瓜果柄剪留示意

 西瓜保护地栽培有哪些形式？

在西瓜的生长期间有时会遇到不良的天气条件从而影响西瓜的种植效益。保护地栽培就是在西瓜生长期间或在生长的某一阶段，采用一些保护设施来改善气候条件，创造有利于西瓜生长的生态环境，从而达到增产增效的目的。

西瓜生产中常用的保护地栽培形式有地膜覆盖栽培、薄膜小拱棚栽培、小拱棚加地膜（双膜覆盖）栽培、塑料大棚栽培、日光温室栽培、玻璃温室栽培等（图1-47至图1-49）。这些保护地栽培措施可以提高空气和土壤的温度，促进根系生长，提早开花和收获，是早熟栽培中的重要措施之一。而且，这些措施对不良天气有一定的抵抗能力，对西瓜的稳产具有很大的作用。

图1-47　日光温室栽培

图1-48　塑料大棚栽培

图1-49　薄膜小拱棚栽培

保护地栽培在西瓜生长中得到广泛的应用。长江中下游地区采用较普遍的保护地栽培形式主要有地膜覆盖栽培、小拱棚双膜覆盖栽培和塑料大棚栽培。

41　西瓜常用覆盖地膜有哪些种类？

（1）**普通透明膜**。这是我国农业生产中最常使用的地膜种类。透光率为80%～94%，但在膜上有水滴存在时透光率为50%～60%，受到灰尘等污染后透光率降至50%以下。这种地膜具有一定强度，能耐受生长季的风吹雨打，并可提高地温2～4℃。一般膜厚0.007～0.02毫米，幅宽为50～150厘米。

（2）**银灰色膜**（图1-50）。银灰色膜反光性较强，能增强畦面的反射光强度，具有驱避蚜虫的作用，可作为驱蚜专用膜，用于病毒病的辅助防治，但后期植株茎蔓封行后，对蚜虫的驱避效果下降。

（3）**黑色膜**。黑色膜具有遮光作用，对土壤升温效果不如普通透明膜。春季用黑色膜可使土壤增温1～3℃。黑色膜能有效防止土壤水分蒸发和抑制杂草生长。

图1-50　银灰色膜

42　何为西瓜小拱棚双膜覆盖栽培？

西瓜小拱棚双膜覆盖栽培是指在地膜覆盖的基础上，再加上小拱棚的双层薄膜覆盖栽培形式。这种形式在西瓜早熟栽培中广为应用。

小拱棚由拱棚架和塑料薄膜组成。拱棚架多用竹片、竹竿、树枝或其他有一定强度与韧性的材料。小拱棚一般为拱圆形，高度50～90厘米，跨度

80～180厘米；长度视瓜行长度而定，可长可短。扣棚用膜可用地膜也可用农膜。小拱棚走向通常为南北向，顺瓜畦扣棚，建棚前先整地、施肥、做畦，在畦面上每隔60～90厘米用拱棚架材料插一个拱，并保持所有拱架上下、左右整齐一致。为加固拱棚架，可用细绳将各拱棚架的顶部连成一体，两端固定于木桩上。

定植前1周盖地膜和扣拱棚，以提高地温，随扣拱棚随用湿土封严两侧棚膜。南方地区采用小拱棚双膜覆盖栽培方式时应尽量采用较大跨度的小拱棚结构。跨度过窄，在瓜蔓伸长后需要及时撤棚，否则早熟效果会不理想；而跨度较大的小拱棚可全生长期覆盖，在西瓜生长中后期具有防雨的功能，尤其适宜南方梅雨地区采用。

43 西瓜小拱棚双膜覆盖栽培有哪些效应？

（1）保温效果较好，可提早定植。小拱棚双膜覆盖较地膜覆盖和小拱棚单层覆盖保温性能要好，可提早定植，提早收获，一般定植时间可比地膜覆盖栽培提早10～15天，提早采收15天左右。

（2）对不良天气有一定抵抗能力，高产稳产。苗期外界气温尚未稳定，常有倒春寒发生，幼苗在小拱棚内生长可免遭霜冻危害；生长中后期，小拱棚还能提供避雨的功能，有利于坐果和果实发育。因而这是目前国内最有利于实现高产稳产的重要栽培方式之一。

44 西瓜小拱棚双膜覆盖栽培有哪些技术要点？

（1）提早培育大苗。提前育苗，确保大苗适时定植是西瓜小拱棚双膜覆盖栽培的关键之一。一般当日气温达到10℃左右、幼苗具有3～4片真叶、苗龄30～40天时，定植幼苗容易成活，所以育苗播种期必须根据上述三个条件考虑。南方适宜播种期为2月下旬，催芽育苗。此时气温尚低，一般不宜采用冷床育苗，而应采用宽4米的中棚，其间套两个跨度为1.8米的小棚，再在小棚的底部设置电热线，采用电热温床育苗。

（2）定植时间的选择。提前育苗和提前定植是西瓜双膜覆盖早熟栽培的关键技术措施。适宜的定植期为3月底至4月初，露地气温稳定在10℃以上为宜。种植方式一般采用单行种植，种植位置可以在畦的中央，也可在畦的一侧。生产上部分瓜农盲目抢早，在外界气温达不到要求的情况下贸然定植，往往会造成冷害、僵苗等症状，反而达不到早熟的目的。

（3）合理密植。小拱棚双膜覆盖栽培应适当密植，以获得高产，特别是早期产量，提高经济效益。早熟中果型西瓜采用双蔓整枝一般亩栽800～1000株，采用三蔓整枝一般亩栽700～800株。具体密度应根据品种、各地实际条件和栽培管理技术而定。

（4）加强覆盖期的温度管理。小拱棚双膜覆盖西瓜定植后，由于当时外界气温尚低，需要依靠拱棚覆盖来创造适宜西瓜生长的温度环境。但因拱棚空间小，在晴天中午棚内气温可达到40～50℃，特别是在天气渐暖时，易造成高温危害；而遇到强寒流天气时，棚内温度又会很快大幅度下降，特别是大多数小拱棚夜间无草帘覆盖，故易出现冷害。因此必须加强拱棚覆盖期间的温度管理。

在全覆盖条件下，一般可在定植后头7天左右加强保温，促进活棵和防霜冻危害。以后2周内实行30～35℃高温管理，最低温度不小于12℃，温度过高或过低都不利于雌花的分化形成。当外界气温稳定至18℃以上时，可将棚膜昼夜打开。在雌花开放和坐果期间应注意防雨，坐果以后继续保持夜温，可以防止落果和促进果实膨大。上述棚内温度管理主要是通过揭膜通风来实现，由小到大逐渐随天气变暖加大通风量。开花坐果期间，利用拱棚顶部的遮雨作用，确保正常的授粉和坐瓜。棚温的管理要避免两种倾向：一是温度湿度过高，造成徒长和诱发病害；二是温度过低，植株生长缓慢，达不到早熟的目的。

（5）合理整枝，人工辅助授粉。小拱棚双膜覆盖栽培西瓜多采用早熟品种，实行密植栽培，一般较多采用双蔓整枝。对生长势较强、叶片肥大的品种，可在留瓜节位雌花开花坐住瓜后向前再留15节左右，当瓜蔓爬满畦面时打顶。对生长势偏弱、叶面较小的品种，可保留坐果节位以后发生的侧蔓，有利于保证叶面积，从而提高单瓜重和总产量。

早春小拱棚双膜覆盖西瓜雌花开放期，瓜蔓尚在棚内或虽引出棚外，但昆虫活动少，必须进行人工辅助授粉才能确保按时坐果。

45 西瓜大棚栽培有哪些优点？

塑料大棚覆盖的容积大，棚内气温比较稳定，而且可在低温期间套以小拱棚或增温幕，保温性能好，也能改善棚内的光照条件，是西瓜早熟栽培比较理想的一种覆盖形式。

（1）**具有明显的增温、保温效果。**大棚的增温保温作用十分显著。据测定，在江苏省苏南地区，3月中旬后，阴天条件下，棚内气温可高于外界6～8℃，最低气温高于外界2～3℃；3月中旬土温比外界高5～6℃，4月土温比外界高6～7℃。一般大棚内地温和气温稳定在15℃以上的时间比露地早30～40天，比地膜覆盖的早20～30天。

（2）**促进西瓜生育。**在同期栽培情况下，大棚比小拱棚双膜覆盖更能促进西瓜生长。据青岛市农业科学研究所试验资料，大棚三层春覆盖与小拱棚三层覆盖相比，西瓜茎叶生长盛期比小拱棚的提早10天；大棚的茎叶旺长期持续30天左右，而小拱棚的茎叶旺长期持续达40天，最大叶面积出现时期比大棚的晚10天，一直持续到5月末，正好与果实膨大相矛盾。因而，大棚西瓜能在短期内形成强大的同化叶面积，并能及时转向果实生长，有利于早熟丰产。

（3）**早熟、增产、延长供应期。**据各地资料，大棚西瓜一般可比小拱棚双膜覆盖西瓜早定植10天左右，早熟15～20天；在同期栽植的情况下，也可早熟10天以上，并且品质较优，含糖量可提高1%左右。大棚西瓜的总产量一般可比小拱棚双膜覆盖增产20%～40%。

（4）**能综合利用已有大棚设施条件，降低生产成本。**在大棚设施较多的菜区，可利用早春蔬菜育苗大棚或越冬蔬菜生产大棚，降低生产成本，提高大棚设施利用率。

46 西瓜大棚栽培有哪些常用模式？

（1）**双膜覆盖栽培模式。**塑料大棚一般都建立在地膜覆盖栽培的基础上，这种地面有一层地膜、棚上有一层棚膜的模式一般叫双膜栽培模式，也是最基本的大棚栽培模式。为了降低棚内湿度、防除杂草、减少病害，有条件的瓜农还会把棚内地面全部用地膜或农膜覆盖起来，这种模式叫大棚双膜全覆盖栽培。

（2）**三膜覆盖栽培模式。**在双膜覆盖栽培模式的基础上，在瓜行上面再加盖一层小拱棚，大棚的升温和保温效果会更好。

（3）**三膜一帘覆盖栽培模式。**在三膜覆盖栽培模式的基础上，在小拱棚上面再加一层草帘（无纺布）保温，大棚的升温和保温效果可达到最佳水平，早熟效果更好。

47　西瓜大棚栽培如何选择播种期与定植期？

塑料大棚栽培一般采用日光温室内的温床育苗，也可在定植西瓜的大棚内育苗。育苗期要根据大棚西瓜的栽培形式和品种选用情况进行确定。一般讲，采取大棚双膜覆盖栽培时，大棚的保温能力有限，可较当地露地西瓜的育苗期提早40天左右；如果采取"大棚+小拱棚+地膜"三膜覆盖栽培，育苗期可提早50天左右；如果采取"大棚+小拱棚+地膜+草帘"三膜一帘覆盖栽培时，育苗期可提早60天左右。早熟品种的育苗期短，可适当晚播种5～10天；中晚熟品种或嫁接栽培的育苗期长，育苗时间也要适当提早。

定植时间以大棚内土壤温度稳定在15～18℃、最低气温5～8℃为宜。当幼苗的苗龄达到30～40天、生长有3～4片真叶的大苗时才可定植。如采取大棚双膜覆盖栽培，以3月中下旬定植为宜；如果采取大棚三膜覆盖栽培，可于3月上中旬定植；如果采取三膜一帘覆盖栽培，定植期可提早到2月中下旬。

48　西瓜大棚栽培棚内的温度如何调控？

（1）**大棚温度管理的一般原则。**由于大棚西瓜定植时外界温度较低，容易使西瓜幼苗遭受冻害或冷害，因此大棚的温度管理显得尤为重要。①在缓苗期要保持较高的棚温，一般白天温度保持在30℃左右，夜间温度保持在15℃左右，最低不低于8℃，温度再低时要增加保温措施。②进入伸蔓期后棚温要相对降低，一般白天气温控制在22～25℃，夜间气温控制在10℃以上。③进入开花坐果期，棚温要相应提高，白天温度保持在30℃左右，夜间温度不低于15℃，否则将引起坐瓜不良。④进入果实膨大期后，外界气温已经升高，此时棚内的温度有时会升得很高，要适时放风降温，把棚内气温控制在35℃以下，但夜间仍要保持在18℃以上，否则不利于西瓜膨大，容易引起果实畸形。

（2）**大棚保温措施**。常用的保温措施有以下几种。①大棚封闭要严密，避免漏风。大棚上下幅膜间的叠压缝要宽，要求不少于15厘米，并且叠压要紧密；棚膜出现孔洞、裂口时要及时补好。②棚内进行多层覆盖。大棚内进行的多层覆盖主要有加盖小拱棚和加盖草帘等。在大棚内加盖小拱棚，可使温度提高2～3℃，再加盖一层厚草帘，可使小拱棚内的温度提高5℃以上。

（3）**大棚降温措施**。常用的降温措施有以下几种。①通风。通风是降低大棚温度最常用的方法。通风时应先扒开大棚上部的通风口。如果仅靠上部的通风口降不下温度时，再扒开腰部的通风口。②遮阴。进入夏季后棚温也进入一年中最高的时期，此时只靠通风往往难以使棚温降到西瓜正常生长的温度范围内，必须借助遮阴来降低棚温。大棚遮阴常用的方法是向棚面上喷洒白石灰水、泥浆水，或者在棚膜上加盖遮阳网，减少大棚的透光量，以达到降温的目的。

49 西瓜大棚栽培棚内的湿度如何调控？

大棚内空间密闭，空气难以流通交换，因此一般空气相对湿度较大，并随着棚内温度和土壤湿度的变化而变化。

当棚内气温升高后，空气相对湿度下降；棚内气温降低时，空气相对湿度升高。晴天、有风的天气棚内空气相对湿度较低，阴天和雨雪天棚内空气相对湿度较高。白天通风后，棚内空气相对湿度下降，下午关闭风口后棚内空气相对湿度开始升高，并随着夜间棚温下降而迅速增加，日出前棚内空气相对湿度达到峰值，一般为90%以上，大棚边缘处甚至可达到饱和状态。

空气湿度还受土壤湿度的影响，土壤水分蒸发和植株叶面蒸腾是大棚内水汽的主要来源。通过合理控制灌水量也可以间接调控大棚内空气湿度。由于地膜具有抑制土壤水分蒸发和保温的作用，在棚内畦面覆盖地膜既可起到降低空气相对湿度的作用，又可减少西瓜生长前期的灌水量。但到西瓜生育中后期，由于叶片蒸腾量大大增加，降低棚内空气湿度主要应靠通风换气排湿，使棚内空气相对湿度保持在白天55%～65%、夜间75%～85%这样一个适宜西瓜生长发育的水平。有条件的地方还应积极采用膜下滴灌的新技术。

50　大棚栽培西瓜肥水管理有什么特点？

（1）追肥。大棚内温度高、湿度大，有利于土壤微生物活动，土壤中养分转化快，前期养分供应充足，后期易出现脱肥现象，所以追肥重点应放在西瓜生长的中后期。一般做法是：在施足基肥时，坐瓜前可不追肥；否则，就应在伸蔓初期追1次肥。开花坐瓜期可根据瓜秧的生长情况，叶面喷2次0.2%磷酸二氢钾溶液，有利于提高坐瓜率。坐瓜后及时追肥，结合浇水，每亩冲施三元素复合肥30千克左右，或尿素20千克、硫酸钾15千克。果实膨大盛期再随浇水冲施肥1次，每亩冲施尿素10～15千克，保秧防衰，为结二茬瓜打下基础。在头茬瓜采收、二茬瓜坐瓜后，结合浇水再冲施肥1次，每亩冲施尿素10～15千克、硫酸钾5～10千克，同时叶面追肥1～2次。

（2）浇水。一般缓苗后浇1次缓苗水。之后如果土壤墒情较好、土壤的保水能力也较强，到坐瓜前应停止浇水，以促进瓜秧根系的深扎，及早坐瓜；如果土壤墒情不好、土壤的保水能力又差，应在瓜蔓长到30～40厘米长时，轻浇1次水，以防坐瓜期缺水。幼瓜坐稳进入膨瓜期后，要及时浇膨瓜水，膨瓜水一般浇2～3次，每次的浇水量要大。西瓜"定个"后，停止浇水，促进果实成熟，提高产量。二茬瓜坐住后要及时浇水，收瓜前1周停止浇水。建议定植前铺设软管滴灌带，既省工又节约肥料。

51　大棚栽培西瓜如何整枝理蔓？

大棚内由于栽培密度大，应严格进行整枝和打杈。早熟品种一般采用双蔓整枝，中晚熟品种一般采用双蔓整枝或三蔓整枝。坐果后的瓜杈视瓜秧长势确定是否去除。若瓜秧长势较旺，叶蔓拥挤，则应少留瓜杈；若不影响棚内的通风透光，坐果部位以上的瓜杈则可适当多留。大棚西瓜一般不会发生风害，西瓜压蔓主要是为了使瓜蔓均匀分布，防止互相缠绕。

一般情况下，一株的瓜蔓应向同一个方向爬蔓，但大棚栽培时为了提早成熟，方便管理，可采取大小行种植将一株的瓜蔓朝相反方向爬。具体做法是：双行的地面中间只栽1行苗，苗密度加倍，整蔓时主蔓结瓜需高温可朝棚中间爬蔓，侧蔓则朝棚边方向爬。

52 小果型西瓜生长有什么特点？

小果型西瓜因果实较小而得名，一般单瓜重为1～2千克。小果型西瓜肉质细嫩，纤维少，折光糖含量高，口感鲜甜，品质极佳。随着人民生活水平的提高和家庭的小型化，小果型西瓜已被广大消费者所接受，市场价格看好，生产者经济效益较高，发展甚为迅速。小果型西瓜尤其是在大棚覆盖栽培中应用较多。

小果型西瓜的生长发育特性与普通西瓜有所不同，在种植过程中要掌握小果型西瓜的特性，采取对应措施，才能确保其产量。其主要特点如下。

（1）**苗弱，前期长势较差。**小果型西瓜种子较小，种子贮藏养分较少，出土力弱，子叶小，幼苗生长较弱。尤其是早播幼苗处于低温、寡照的环境下，更易影响幼苗生长，长势明显较普通西瓜弱。这就影响雌花、雄花的分化进程，表现为雌花子房很小，初期雄花发育不完全、畸形，花粉量少，甚至没有花粉，影响正常授粉、受精及果实的发育。

由于苗弱，定植后若处于不利的气候条件下，幼苗期与伸蔓期植株生长仍表现细弱，但一旦气候好转，植株生长则恢复正常。小果型西瓜分枝性强，如不能及时坐果，则容易徒长，但若控制得当则表现易坐果，可多蔓多果。

（2）**瓜小，果实发育快。**小果型西瓜果形小，一般单瓜重1～2千克。果实发育较快，在适宜的温度条件下，从雌花开花至果实成熟只需20多天，较普通西瓜早熟品种提早7～10天。但在早播早熟栽培条件下，因前期温度较低，头茬瓜仍需40天左右方能成熟；气温稍高时，二茬瓜需30天左右成熟；其后的气温更高，只需23～25天即可采收。小果型西瓜果皮较薄，在肥水较多、植株生长势过旺或水分不均匀等条件下，容易引起裂果。

（3）**对肥料反应敏感。**小果型西瓜较普通西瓜对肥料的需求量要少，对氮肥的反应比较敏感。氮肥过多，容易引起植株营养生长过旺而影响坐果。因此，基肥的施用量较普通西瓜应减少30%左右，而嫁接苗的施用量可减少约50%。由于小果型西瓜果形小、养分输入的容量少，可以采用多蔓多果栽培，且对果实大小的影响不大。

（4）结果周期不明显。小果型西瓜受自身的生长特性和不良栽培条件的影响，前期生长较差。如任其结果则受同化面积的限制，果形很小，而且严重影响植株的生长。随着生育期的推进和气候条件的好转，其生长势得到恢复。如不能及时坐果，较易引起徒长。因此，一方面，前期要防止营养不良，造成生长弱；另一方面，要使其适时坐果，防止徒长。植株正常坐果后，因其果小，果实发育周期短，对植株自身营养生长影响较少，故持续结果能力较强。同样，果实的生长对植株的营养生长影响不大。小果型西瓜的这种自身调节能力对于多蔓多果、多茬次栽培和克服裂果都是十分有利的。因此，小果型西瓜结果周期性不像普通西瓜那样明显。

53 小果型西瓜水肥管理有什么特点？

小果型西瓜很容易裂果，这与施肥灌溉技术直接有关。在施足基肥、浇足底水和重施长效有机肥的基础上，头茬瓜采收前原则上不施肥，不浇水。若有水分不足的表现，应于膨瓜前适当补充水分。头茬瓜大部分采收后，第二茬瓜开始膨大时应进行追肥，以钾肥、氮肥为主，同时补充部分磷肥。每亩施三元复合肥50千克，在根的外围开沟撒施，施后覆土浇水。第二茬瓜大部分已采收、第三茬瓜开始膨大时，按前次施用量和施肥方法追肥，并适当增加浇水次数。由于植株上挂有不同茬次的果实，而植株自身对水分和养分的分配调节能力较强，因此，裂果现象减轻。

54 小果型西瓜采用什么整枝方式为宜？

小果型西瓜生长势较弱，果形小，适宜多蔓多果栽培。以轻整枝为原则，具体留蔓的多少与栽植密度有关。密植留蔓少，稀植留蔓数较多。目前生产上采用的整枝方式主要有两种。一是6叶期摘心，子蔓抽生后保留3～5条生长相近的子蔓，使其平行生长，摘除其余的子蔓及坐果前子蔓上形成的孙蔓。这种整枝方式消除了顶端优势，保留的几个子蔓生长比较均衡，雌花着生部位相近，可同时开花和结果，果形整齐。二是保留主蔓，在基部保留2～3条子蔓，构成三蔓或四蔓整枝，摘除其余子蔓及坐果前发生的孙蔓。这种整枝方式，使主蔓始终保持着顶端优势，主蔓雌花出现较早，可望提前结果。但这种整枝方式影响子蔓的生长和结果，结果参差不齐，影响产品的商品率，同时增加了栽培管理上的困难，可能引起部分果实的裂果。

55 西瓜为什么要进行嫁接？

（1）**防止或减少枯萎病的发生**。西瓜连作易发生枯萎病，而轮作又受土地、设施限制，嫁接可以有效地防止枯萎病的发生，缩短西瓜的轮作年限。这对保护地西瓜栽培尤为重要。

（2）**提高西瓜的耐寒能力**。目前，南方西瓜种植普遍采用葫芦砧。葫芦比西瓜的耐寒力强，在15～18℃的低温下仍能正常生长，这对克服早春西瓜因温度过低生长缓慢的现象非常有利。

（3）**促进幼苗生长，防止早衰**。葫芦砧有强大的根系，能充分利用不同层次土壤中的养分，吸收能力强，且其根在较低温度下能够生长。在嫁接成活后，苗的生长速度比自根苗的西瓜要快，且子叶肥大，地上部分生长旺盛。因此，西瓜嫁接后可以在较瘠薄的土壤里栽培。栽培过程中，还可以适当减少施肥量。

（4）**产量大幅增加**。由于嫁接西瓜生长健壮，有效地防止了枯萎病发生，产量大幅增加，增幅可达30%以上。

综上所述，嫁接是西瓜栽培中的一项重要技术，在保护地栽培日益发展、轮作困难的情况下，嫁接栽培西瓜的应用越来越广泛。

56 西瓜嫁接砧木主要有哪些品种？

（1）**超丰F1**（图1-51）。

品种来源：中国农业科学院郑州果树研究所，（98）京审菜字第15号。

特征特性：葫芦砧木。亲和力强，高抗枯萎病，且耐低温、耐湿、耐旱。与其他砧木品种相比可增产20%～30%，较自根西瓜可增产30%～50%，且对果实品质无不良影响。

适宜地区：设施西瓜重茬地主产区均可种植。

（2）西嫁强生（图1-52）。

品种来源：中国农业科学院郑州果树研究所。

特征特性：南瓜砧木。极耐低温，耐根结线虫，嫁接亲和力好，共生性强，成活率高。较普通葫芦砧木产量提高10%～20%，对西瓜品质无不良影响。

适宜地区：设施西瓜重茬地主产区均可种植。

（3）京欣砧1号（图1-53）。

品种来源：北京农林科学院蔬菜研究中心。

特征特性：葫芦砧木。嫁接亲和力好，共生亲和力强，成活率高。嫁接苗植株生长稳健，株系发达，吸肥力强。

适宜地区：设施西瓜重茬地主产区均可种植。

图1-51 超丰F1

图1-52 西嫁强生

图1-53 京欣砧1号

（4）京欣砧4号（图1-54）。

品种来源：北京农林科学院蔬菜研究中心。

特征特性：南瓜砧木。子叶小，下胚轴深绿，粗细适中，尤其适合育苗盘生长苗嫁接。嫁接稳定性好，长势稳健，前期耐寒，后期耐热性突出，抗各种土传病害。

适宜地区：设施西瓜重茬地主产区均可种植。

图1-54　京欣砧4号

（5）京欣砧王（图1-55）。

品种来源：北京农林科学院蔬菜研究中心。

特征特性：葫芦砧木。嫁接亲和力好，共生亲和力强，成活率高。嫁接苗植株生长稳健，根系发达，吸肥力强。发芽整齐，发芽势好，出苗壮，下胚轴较短粗且硬，不易空心，不易徒长，便于嫁接。

适宜地区：设施西瓜重茬地主产区均可种植。

图1-55　京欣砧王

（6）**苏砧1号**（图1-56）。

品种来源：江苏省农业科学院蔬菜研究所。苏园会评字〔2019〕第008号。

特征特性：葫芦砧木。西瓜嫁接专用砧木品种，种子长方形，种皮灰褐色，种壳坚硬，千粒质量约130克。根系发达，吸肥力强，下胚轴粗壮不易空心，有利于嫁接作业。嫁接亲和力、共生亲和性强，嫁接成活率高。生长势稳健，结果率高，抗枯萎病，耐低温弱光，耐瘠薄，不影响西瓜的品质，增产效果明显。

适宜地区：设施西瓜重茬地主产区均可种植。

图1-56　苏砧1号

（7）**苏砧2号**（图1-57）。

品种来源：江苏省农业科学院蔬菜研究所。苏园会评字〔2019〕第009号。

特征特性：南瓜砧木。嫁接专用砧木品种。出苗整齐，茎秆青绿，粗壮，髓腔紧实，子叶平展、大小适中，嫁接易操作。千粒重约160克。亲和性好、成活率高，高抗枯萎病，中抗蔓枯病和白粉病，前期耐寒、后期耐热性突出。生长稳健，根系发达，后期不易早衰。易坐果，增产效果较好，达12.3%以上。对西瓜果实品质影响较小，增加果实的中心糖含量，综合性状优良。

适宜地区：设施西瓜重茬地主产区均可种植。

图1-57　苏砧2号

57　砧木选择需注意哪些问题？

西瓜嫁接用的砧木一般是采用葫芦科的瓜类植物如葫芦、南瓜、冬瓜、野生西瓜等。但因品种不同，嫁接后的反应也不一样。由于嫁接主要是预防病害，同时要保证果实的商品性，所以，在选择砧木时应注意以下几点。

（1）砧木品种的抗病性能。不同砧木的抗病性能不同，一般认为南瓜抗枯萎病的能力比葫芦要好，葫芦比冬瓜要好。但近年发现，某些西瓜菌株也侵染葫芦和冬瓜，表明葫芦、冬瓜对枯萎病抗性不稳定。

（2）嫁接后接穗和砧木的亲和力及对果实品质的影响。不同砧木品种在嫁接后的愈合能力是不同的，亲和力强的在嫁接1周后即愈合、生长，而亲和力差的往往出现伤口愈合不良或幼苗生长势弱的现象，因此，嫁接也必须进行砧木和接穗嫁接亲和力和共生亲和力的测定试验，从中选出适宜品种。西瓜和葫芦的亲缘关系较近，嫁接共生亲和力强。南瓜的嫁接共生亲和力不及葫芦。

58　怎样进行西瓜顶插接？

（1）西瓜接穗和砧木苗的准备。以砧木苗刚出第1片真叶、西瓜接穗子叶刚平展为最适嫁接时期。要使二者都处于最佳嫁接时期，砧木应提前1周播种。

（2）嫁接方法。

①削竹签。先削好竹签，以长10厘米左右为宜。一头削尖，呈圆锥形，

要平滑，粗细应和接穗的下胚轴粗细相近；一头削成薄扁平。宜多削几根备用（图1-58）。

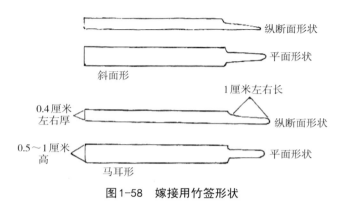

图1-58　嫁接用竹签形状

②准备刀片和嫁接夹。刀片需锋利，越薄越好。准备嫁接用的专用夹，如用旧的要预先消毒（图1-59）。

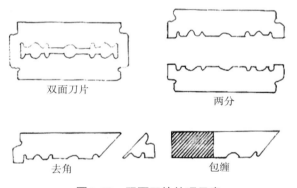

图1-59　双面刀片处理示意

③嫁接。嫁接时，用竹签扁平的一端铲去砧木中间的生长点，然后用竹签的圆锥尖在砧木生长点中间向下斜插一个洞，应注意使竹签尖端达到茎下的另一端皮层，但不能刺穿，深度和接穗西瓜的削面长度相似。将西瓜子叶苗取出，倒转夹在中指和无名指之间，用食指顶住子叶，在西瓜下胚轴扁平的一面，距子叶基部1厘米左右，向下斜削一个长度约1厘米的斜面，然后将其完全插入砧木孔中即成。插入时注意西瓜子叶要和砧木的子叶方向一致，利用砧木子叶来承托接穗。熟练工人每天可嫁接1000株以上。此法快捷方便，是生产上应用最广的一种技术。此法较适宜用于葫芦砧（图1-60）。

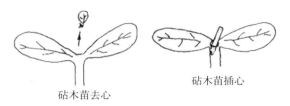

砧木苗去心

砧木苗插心

接穗苗削切

插接

图1-60 插接法示意

59 怎样进行西瓜劈接？

砧木和接穗的大小要求与顶插接时相同。先去掉砧木的生长点，然后用刀片在生长点的内侧自上而下劈开1厘米的切口，深度约为下胚轴粗细的1/2～2/3，要注意不能两边都劈开。然后将接穗两边削成楔形，一边接穗应留有表皮，将带表皮的一面向外。放入砧木切口，注意要用手指压平，接穗不能凸出在外。然后用嫁接专用的塑料夹将接口夹住即可。这种嫁接法的成活率比插接法稍差，且因创面太大，如接口对不好或夹子不合适，造成吻合不紧密，接穗易脱落或者干枯。劈接法对嫁接后的环境要求较严，嫁接后要求严格遮阴和保温保湿（图1-61）。

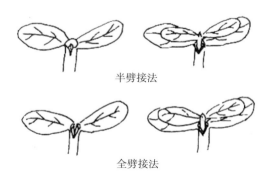

半劈接法

全劈接法

图1-61 劈接法示意

怎样进行西瓜的靠接？

靠接宜在砧木、接穗比较粗大的情况下应用。先选择二者的茎粗细比较接近的砧木和接穗，在砧木下胚轴靠近子叶处，用刀片以45°角斜向下削一刀，深度为砧木的1/2左右，长约1厘米。然后在接穗的相应部位向上斜削一刀，深度达下胚轴的1/2左右，用双手将二者拿起，切口对好嵌入夹好即可。嫁接后把砧木、接穗苗同时种入营养钵，成活后，剪去砧木的接口以上部分，切断西瓜的接口以下部分，则成为一株独立的苗。两星期后，即可除去夹子。为使嫁接后接穗和砧木的根都在一个平面上，要在削砧木时，注意切口的位置。此法嫁接后都自带根系，伤口愈合好，成活率高，苗生势好，但工作起来较麻烦，应用较少。

61 西瓜嫁接时应注意哪些问题？

（1）嫁接前一天进行苗床消毒。用0.1%多菌灵或甲基硫菌灵喷砧木苗和接穗苗，进行嫁接的工作室、嫁接刀具、工作台等用具，也需消毒灭菌。

（2）竹签的形状与粗度要和接穗粗细相当。嫁接时扎洞的深度不得少于1厘米，接穗苗的削口也不得少于1厘米。这样可以增大愈合面，提高成活率。

（3）嫁接时，砧木下胚轴长度可以留长些，而接穗下胚轴长度应适当短些（一般嫁接口距子叶有1厘米即可）。主要是降低下胚轴的总长度，减少因接口离地面过近而传染病害。

（4）靠接的接穗和砧木，根要对齐（上边可以不对），以备嫁接后同时栽在营养钵中。嫁接时动作要轻、要快。

（5）嫁接时湿度要保持在90%以上，不能直接吹风或阳光直射。嫁接好后，应立即栽入苗床，以免失水萎蔫，影响成活率。

62 如何提高西瓜嫁接成活率?

提高西瓜嫁接成活率、简化嫁接技术和降低嫁接苗成本是推广西瓜嫁接技术的关键。提高嫁接成活率应掌握以下几点。

（1）正确选择嫁接亲和力强和共生亲和力强的砧木品种。

（2）培养下胚轴粗壮的砧木和接穗。

（3）熟练掌握不同的嫁接技术。如保证切削面的长度、宽度和扎洞的深度，使砧木、接穗接触面更多些，连接的导管和筛管更多一些，水分和养分的输导更顺利些；嫁接使用的夹子松紧要适当；嫁接移植要流水作业，尽快将嫁接苗移植到苗圃等。

（4）加强嫁接苗的管理。嫁接后 5 天内是嫁接苗成活的关键时期，应创造适宜的生长环境，加速接口的愈合和生长。

①温度。要保持温度在 25℃左右，1 周后逐步降低至 23℃左右，白天会稍高些，夜间则会稍低些。每天定期通风，通风应选择在早、晚湿度较大的时间进行。往后通风时间逐步延长。

②保持苗圃的空气湿度。嫁接苗移植至苗圃前，先在地里淋透水，使苗圃（小棚或大棚）空气湿度达到饱和，移植后盖上遮阳网和薄膜，3～4 天内不必换气。以后，在早晚短时间通风，10 天后，即可与正常苗木一样进行管理。

③遮阳。嫁接定植后，要用草帘或遮阳网遮光，防止温度过高和直射光照射引起凋萎。2～3 天后，早晚除去草帘接受散射光。1 周后，只在中午遮光，10 天后完全揭去。主要是使嫁接苗经过锻炼，逐步适应大田环境。

④及时除去砧木上萌发的不定芽。

63 西瓜嫁接栽培需要注意哪些事项?

西瓜嫁接苗因受砧木根系的影响，其生育特点和生理特性都有所改变，如抗病性增强、根群吸收能力增强、生长变快等。生产上应针对其特点，采取相应的措施，方能发挥其抗病丰产功能。

（1）**缩短苗龄，加速幼苗生长**。由于嫁接苗成活需要一定时间，比起自根苗，相对地延长了苗龄。砧木苗龄长，根系老化，也会影响到嫁接成活和嫁接苗的生长。为此，应提高嫁接技术，创造适宜的环境条件，以保持砧木的根系活性，缩短苗龄。

（2）**适当稀植**。嫁接苗分枝能力有增强的趋势，种植密度应较自根苗稀疏。一般每亩栽300～400株，并应采取多蔓整枝，保持田间有一定的叶面积。

（3）**适当减少施肥**。砧木根系发达，吸肥力强，特别在定植后30天内，地上部分长势旺盛。为此，根据砧木种类可适当减少基肥施用量，防止徒长，以提早坐果，以后再根据长势和坐果情况决定施肥量。西瓜嫁接植株在南瓜砧上有推迟雌花出现的趋势。嫁接植株于低节位坐果，易出现畸形果、厚皮果和空心果，以第15～20节坐果为宜。长势弱、节间短、叶形小的植株，坐果节位要高些，反之，坐果节位宜低些。

（4）**及时除去砧木上的萌芽和接穗上的自生根**。在嫁接苗圃中和种植到大田后，由于培土接近接口，砧木和接穗极易发生萌芽和自生根，必须及时剪除，以保证接穗正常生长，避免品质下降，或降低抗病的能力。

（5）**综合防病**。葫芦砧嫁接苗可以有效防止枯萎病的发生，但如在轮作年限不够的土地上种瓜，依然会发生严重的疫病、炭疽病、白粉病等，这就必须进行及时、有效的防治。

第二篇

甜瓜产业关键实用技术

64 甜瓜的根、茎、叶有什么特点？

（1）**根**。甜瓜的根系由主根、侧根和根毛组成，属直根系，根系发达，生长旺盛，入土深广。在葫芦科植物中，其发达程度仅次于南瓜、西瓜，而强于其他瓜类。厚皮甜瓜的根系较薄皮甜瓜的根系强健，分布范围更深更广，因此耐旱耐瘠能力强。薄皮甜瓜的根系分布较浅，主要根群呈水平生长，但薄皮甜瓜的根系较厚皮甜瓜的根系耐低温、耐湿能力强。甜瓜的根系好气性强，要求土质疏松、通气性良好的土壤条件，因此大部分根群分布于10～30厘米的耕作层中。甜瓜的根系木栓化程度高，再生能力弱，损伤后不易恢复，因此栽培中应采用营养钵等护根育苗措施，尽量避免伤根，并争取适当早定植。

（2）**茎**。甜瓜的茎为一年生蔓性草本。苗期茎的节间短，直立生长，4～5片叶后节间伸长，爬地匍匐生长。茎的分枝性极强，每个叶腋都可以发生新的枝条，主蔓上可以发生一级侧枝（子蔓），一级侧枝上可以发生二级侧枝（孙蔓），孙蔓上还能再生侧蔓。只要条件适宜，甜瓜可无限生长，形成一个庞大的株丛。甜瓜主蔓上发生的子蔓中，第一子蔓多不如第二子蔓、第三子蔓健壮，栽培管理中常不选留。

（3）**叶**。甜瓜的叶为单叶，互生，无托叶。叶形有圆形、肾形、掌状、五裂，有棱角或全缘。不同类型、品种的甜瓜叶片的形状、大小、叶柄长度、色泽、裂刻有无或深浅以及叶面光滑程度都不同。多数厚皮甜瓜叶片较大，叶柄较长，裂刻明显，叶色浅绿，叶面较平展，刺毛多而且硬；薄皮甜瓜叶片较小，叶柄较短，叶色较深，叶片皱褶多，刺毛较软。

65　甜瓜的花、果实、种子有什么特点？

（1）花。甜瓜的花着生在叶腋处，雄花发生最早，单生或簇生，雄蕊两两联合一枚独立，成为3组，花丝较短，花药在雄蕊外折叠，花粉黏滞，虫媒花。多数栽培甜瓜品种的雌花为两性花，少数品种的雌花为单性雌花，两性花和单性雌花都叫结实花。两性花既有雄蕊又有雌蕊，花药位于柱头外侧，柱头、子房结构同单性雌花。两性花的花药，花粉数量、大小，花粉的萌发与受精能力与雄花花粉无异。甜瓜花芽分化期较早，当子叶充分展平，第1片真叶还未展平时，花芽分化已经开始。环境条件不仅可以影响甜瓜花芽分化的速度，而且影响花芽的着生节位、数量、雌雄花比例和花芽的质量。一般地，苗期较低的夜温可使花芽分化质量提高。通常控制苗期温度的标准，以日间温度在最适于茎叶生长的范围内、夜间温度略高于生长的最低温度为宜，即昼温25～30℃，夜温17～20℃，对花芽分化最为有利。甜瓜花芽分化能否进行，一般不受日照长短的限制，但花芽分化节位的高低、结实花的数量和质量都与日照有关，且日照的影响又与温度相关联。一般地，低温短日照有利于结实花的分化，节位低、数量多、雌雄比例高，而高温长日照则效果相反。甜瓜的着花习性与性型有关，但即使同一性型，雄花、雌花（包括两性花）在植株上着生的数量和位置也因种类和品种的不同而不同，有两性花在主蔓上发生较早的类型，有两性花在主蔓上发生较晚而在子蔓上发生较早的类型，还有两性花在主蔓和子蔓上发生都较晚而在孙蔓上发生较早的类型等。根据着花习性的差别，栽培管理中不同的甜瓜品种有不同整枝要求。

（2）果实。甜瓜的果实为瓠果，由子房和花托共同发育而成，可食部分为发达的中果皮和内果皮。甜瓜果实具有多样性，成熟果实的形状有圆球形、扁圆形、长圆形、椭圆形、长卵圆形和纺锤形等，果皮颜色有黄色、白色、绿色、褐色、灰色、暗红色，果面特征有光皮、网纹、条沟、有棱等，果肉颜色有白色、绿色、橙红、黄色等，肉质有绵、软、脆之分。甜瓜果实成熟时，一般具有不同程度的芳香味。

（3）种子。甜瓜种子表面平直或波曲，有椭圆形或长扁圆形、披针形、芝麻粒形等形态；种子的颜色为黄白色，少数为紫红色。甜瓜种子大小，不同类型和品种间变异比较大。通常，厚皮甜瓜种子较大，千粒重25～80克；薄皮甜瓜种子较小，千粒重8～25克。

66 甜瓜的生长周期可划分为几个时期？

甜瓜的生长周期大致可划分为4个时期：发芽期、幼苗期、伸蔓现蕾期和结果期。

（1）**发芽期**。从播种至真叶露心为发芽期，约10天，主要依靠子叶里贮藏的养分生长，生长量较小。

（2）**幼苗期**。从真叶露心到第5片真叶出现，约25天。此期以叶的生长为主，茎呈短缩状，植株直立。幼苗期外表生长缓慢，但这一阶段是幼苗花芽分化、苗体形成的关键时期。这一时期管理的好坏对以后开花坐瓜的早晚、花和果实发育的质量都有很大影响。在昼温30℃、夜温15～18℃、日照12小时的条件下，花芽分化早，雌花节位低，质量高。南方早熟栽培，这一时期正处于早春低温多雨的气候条件，应创造良好的育苗环境促进根系生长和花芽分化。薄皮甜瓜在此期多采用主蔓摘心的方法，促使子蔓和孙蔓生长，早现雌花。

（3）**伸蔓现蕾期**。从第5片真叶出现到第1雌花开放为伸蔓现蕾期，一般需15～20天。该期前阶段要促进植株健壮生长，后期要调节好肥水，及时整枝，控制植株长势适度而不徒长。

（4）**结果期**。从第1雌花开放到果实成熟为结果期。薄皮甜瓜一般20～30天，厚皮甜瓜一般25～60天。根据生长特点又可细分为3个时期。

①坐果期。从雌花开放到果实退毛，为坐果期，约7天。果实退毛即幼果子房表面的茸毛开始稀疏不显。此时一般幼果有鸡蛋大小，由于幼果增重而果柄开始弯曲下垂。这一阶段是茎叶生长最旺盛的时期，植株生长中心逐渐由茎蔓顶端生长点转移到果实中去。此期内果实的生长主要靠细胞迅速分裂、细胞数急剧增加实现，要通过整枝和人工辅助授粉等各项控制措施促进生长中心的顺利转移，以确保及时坐瓜，防止跑秧和落花落果。

②膨果期。从果实退毛到果实停止膨大定瓜为膨果期。薄皮甜瓜及极早熟厚皮甜瓜需10天左右，大部分厚皮甜瓜需13～20天。这时植株的总生长量达到最大，日生长量达到最高值。此时期植株生长量以果实的生长为主，是果

实生长最快的时期。此时果实细胞分裂不多，主要是果肉细胞体积迅速膨大。膨果期是决定果实产量的关键时期，应供应充足的肥水并防治病虫害，以满足果实迅速膨大的需要。

③成熟期。从定果到充分成熟为成熟期。薄皮甜瓜一般只需7～10天，而厚皮甜瓜则长达20～40天。这时植株茎叶的生长趋于停止，果实体积虽然停止增大，但果实重量仍有增加，逐渐出现网纹、色素、香气等的变化，含糖量特别是蔗糖含量大幅增加。有的品种果柄分化离层。这时应防止植株早衰，防治病虫害，控制浇水和根外追肥以提高果实的品质。果实体积的增加先是以纵向生长为主，一定阶段后转向以横向生长为主。因此，如果因环境因素或留瓜节位过高、营养面积不足而影响了果实后期膨大，则果实外形总是偏长。

67 甜瓜对温度、光照、水分、土壤有什么要求？

甜瓜是喜温耐热作物，种子萌发适宜温度为30～35℃，低于15℃种子不发芽。幼苗生长的适宜温度为白天25～30℃，夜间18～20℃，较低的夜温有利于花芽分化，降低结实花的节位。茎叶生长的适宜温度为白天25～30℃，夜间16～18℃。当夜间气温下降至13℃时生长停滞，下降至10℃时完全停止生长，下降至7.4℃时发生冷害，会出现叶肉失绿现象。根系正常生长的温度为8～34℃，最适地温为20℃。开花期最适温度为25℃，果实发育期间白天28～30℃，夜间15～18℃，保持10℃以上的昼夜温差，有利于果实的发育和糖分的积累。白天高温有利于植株光合作用，制造较多养分；夜间较低温度有利于糖分的积累，减少呼吸作用的消耗，加速叶片同化产物向贮藏器官运转。

甜瓜对高温的适应性强，特别是厚皮甜瓜，在35℃条件下能生育正常，40℃仍保持较高的光合作用。但对低温较为敏感，在日间温度18℃、夜间温度13℃以下时，植株生育缓慢。厚皮甜瓜的耐热性较薄皮甜瓜强，而薄皮甜瓜的耐寒性则较厚皮甜瓜强。薄皮甜瓜生长的适温范围较宽，而厚皮甜瓜生长的适温范围较窄。

甜瓜为喜强光作物，生育期间要求充足的光照，在弱光下生长发育不良。植株正常生长通常要求10～12小时的日照时数，在8小时以下的短日照条件下，植株会生长不良。光照充足，甜瓜表现为株型紧凑，节间和叶柄较短，蔓粗，叶大而厚实，叶色浓绿；在连阴天光照不足的条件下，表现为节间、叶柄伸长，叶片狭而长，叶薄色淡，组织不发达，易染病。苗期光照不足影响叶和花芽的分化；坐果期光照不足，则影响物质积累和果实生长，果实含糖量下降，品质差。尤其是厚皮甜瓜对光照度的要求严格，而薄皮甜瓜则对光照度的适应范围较广。

甜瓜叶片蒸腾量大，故需水量较大，但甜瓜的根系不耐涝，受淹后易造成缺氧而致根系受损，发生植株死亡。所以，应选择地势高燥的田块种植甜瓜，并加强排灌管理。甜瓜的不同生育时期对水分的要求不同，种子发芽期需要充足的水分，因而在播种前要充分灌水；苗期需水不多，但因植株根系浅，要保持土壤湿润。营养生长期至开花坐果期，是甜瓜需水较多的时期，应增加灌水量，保证土壤有充足的水分。果实膨大期，土壤水分不能过低，以免影响果实膨大。果实成熟期，土壤湿度宜低，但不能过低，否则易发生裂果。甜瓜的适宜土壤湿度为0～30厘米土层的持水量为70%。土壤过湿易泡根，土壤含水量低于50%则受旱，影响甜瓜正常生长和果实发育。

甜瓜要求空气干燥，适宜的空气相对湿度为50%～60%，空气潮湿则长势弱，影响坐果，容易发生病害。厚皮甜瓜对空气湿度要求严格，薄皮甜瓜耐湿性较强。在保护地栽培中，棚室内空气湿度大，是甜瓜生长发育的主要障碍因素之一。

甜瓜对土壤条件的适应性较广，各种土质都可栽培。最适宜甜瓜根系生长的土壤为土层深厚、有机质丰富、肥沃而通气性良好的壤土或沙质土壤。以土壤固相、气相、液相各占1/3的土壤为宜；沙质土壤增温快，更有利于早熟。

适于甜瓜根系生长的土壤酸碱度为pH 6.0～6.8。土壤过酸会影响钙等元素的吸收，使茎叶发黄。甜瓜对土壤酸碱度的适应范围广，特别是能忍受一定程度的盐碱，当pH在8～9的碱性条件下时，甜瓜仍能生长发育。过酸的土壤有利于枯萎病等病原物的生存和发生，因此必须通过施石灰或其他方法改良。

甜瓜耐盐性强，在土层含盐碱总量达1.2%时，幼苗尚能生长，但土壤含盐量在0.615%以下时生长较好。在轻度盐碱土壤上种甜瓜，可增加果实的含糖量，改进品质。

厚皮甜瓜的根系较薄皮甜瓜的根系强健，分布范围更深更广，耐旱耐瘠能力较强。薄皮甜瓜的根系较厚皮甜瓜根系耐低温、耐湿性更强（图2-1）。

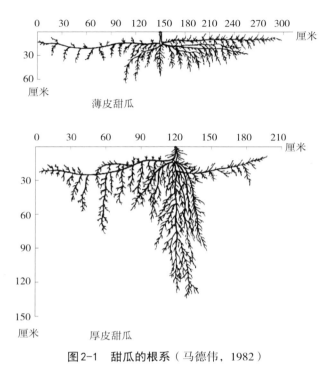

图2-1　甜瓜的根系（马德伟，1982）

68 甜瓜栽培品种有哪些生态类型?

我国栽培的甜瓜可分为厚皮甜瓜和薄皮甜瓜两大类型。

厚皮甜瓜起源于非洲、中亚（包括我国新疆）等大陆性气候地区。它的生长发育要求温暖干燥、昼夜温差大、日照充足等条件，因此多在我国西北的新疆、甘肃等地种植，在华北、东北及南方地区均不能露地栽培。厚皮甜瓜生育期长，植株长势强，叶色较淡，抗逆性差，果实大，肉也厚，产量较高，一般单瓜重1～3千克，最大可达10千克以上。果实肉质绵软或脆酥，香气浓郁，可溶性固形物含量达10%～15%，有些品种可达20%以上。果皮较韧，耐贮运。植株生长期间不耐过高的土壤湿度和空气湿度，需要充足的光照和较大的昼夜温差。厚皮甜瓜类型又可依果皮有无网纹，分为网纹品种和光皮品种。

薄皮甜瓜起源于印度和我国西南部地区，又称香瓜、梨瓜或东方甜瓜。喜温暖湿润气候，较耐湿抗病，适应性强。在我国，除无霜期短、海拔3000米以上的高寒地区外，在南北各地广泛栽培。薄皮甜瓜植株长势较弱，叶色较深，抗逆性强。果实较小，一般单瓜重0.3～1千克，果实形状、果皮颜色因品种而异，可溶性固形物含量8%～12%，果肉或脆而多汁，或面而少汁。瓜皮较薄，可连皮带瓤食用。不耐贮运，适宜就地生产，就近销售。

69 甜瓜有哪些优良品种？

（1）薄皮甜瓜。

①齐甜1号（图2-2）。

品种来源：黑龙江省齐齐哈尔市蔬菜研究所，国审菜980008。

特征特性：早熟，生育期75～85天。果实长梨形，幼果绿色，成熟时转为绿白色或黄白色；果面有浅沟，果柄不脱落。果肉绿白色，瓤浅粉色，肉厚1.9厘米，质地脆甜，浓香适口，糖含量13.5%，高者达16%，品质上等。单瓜重300克左右，亩产1500～2000千克。

图2-2 齐甜1号

适宜地区：东北三省。

②益都银瓜（图2-3）。

品种来源：清朝光绪末年引入山东益都。1983年山东省农作物品种审定委员会认定。

图2-3 益都银瓜

特征特性：中熟，生育期约90天，果实发育期30～32天。果实圆筒形，顶端稍大，中部果面略有棱状凸起。单瓜重0.6～2千克，果皮白色或黄白色，白肉。肉厚2～3.5厘米，果肉细嫩脆甜，清香，糖含量10%～13%，品质极优，较抗枯萎病，但不耐贮运。

适宜地区：山东。

③梨瓜（雪梨瓜）（图2-4）。

品种来源：江西、浙江地方品种。

特征特性：中熟，生育期约90天。果实呈扁圆形或圆形，顶部稍大，果面光滑，近脐处有浅沟。脐大，平或稍凹入，单瓜重350～600克。幼果期果皮浅绿色，成熟后转白色或绿白色。果肉白色，厚2～2.5厘米，质脆味甜，多汁清香，风味似雪梨，故又名雪梨瓜。糖含量12%～13%，高者16%。种子白色，千粒重13.6克。丰产性好，一般亩产2000千克。

图2-4　梨瓜（雪梨瓜）

适宜地区：江西、浙江、江苏等地。是长江中下游地区的主栽品种，以江西上饶梨瓜最著名。

图2-5　黄金瓜

④黄金瓜（图2-5）。

品种来源：江苏省农业科学院蔬菜研究所。

特征特性：早熟，耐湿、耐热，生育期约75天。果实高圆筒形，脐部略宽。单瓜重0.4～0.5千克。皮色金黄鲜艳，表面平滑，外观美。脐小、皮薄。果肉白色，肉厚1.5～1.8厘米，质脆、爽口。糖含量11%左右，风味好，品质中上等。

适宜地区：江苏、浙江、安徽等华东地区大小棚覆盖栽培。

⑤黄金蜜翠（图2-6）。

品种来源：江苏省农业科学院蔬菜研究所，苏种审字第333号，GPD甜瓜（2020）320436。

特征特性：早熟薄皮甜瓜一代杂交种，耐贮运。生育期75天，雌花开放后28天成熟。果实长圆筒形，平均单瓜重400～500克，成熟时果皮金黄光滑美艳，无条带。果肉雪白脆嫩，肉厚2厘米，中心糖含量11.5%～12.0%，气味

图2-6　黄金蜜翠

芳香，风味佳良。种子乳白色，千粒重 10 ～ 11 克。采收时期以果皮由淡黄色转变成金黄色并散发香气为宜。

适宜地区：江苏、浙江、安徽等华东地区大小棚覆盖栽培。

⑥永甜 3 号（图 2-7）。

品种来源：黑龙江省齐齐哈尔市永和甜瓜经济作物研究所，黑登记 2004007。

图 2-7　永甜 3 号

特征特性：早熟薄皮甜瓜一代杂交种，耐贮运。生育期 75 天，果实梨形，平均单果重 0.35 千克，果皮白色，成熟后有黄晕，表面光滑，不裂瓜，无畸形瓜，肉质甜脆，适口性好；可溶性固形物含量平均 14.9%，最高可达 15.4%；商品性好，在自然室温条件下可存放 13 ～ 15 天，耐贮运性较突出。

适宜地区：江苏、浙江、安徽等华东地区大小棚覆盖栽培。

⑦龙甜一号（图 2-8）。

图 2-8　龙甜一号

品种来源：黑龙江省农业科学院园艺研究所，1999 年江苏省农作物品种审定委员会审定并定名。

特征特性：早熟，全生育期 70 ～ 80 天。果实近圆形，幼果呈绿色，成熟时转为黄白色，果面平滑有光泽，有 10 条纵沟。平均单瓜重 0.5 千克，果肉黄白色，肉厚 2.0 ～ 2.5 厘米，质地细脆，味香甜，可溶性固形物含量 12%，高者达 17%，品质上等。单株结瓜 3 ～ 5 个，每亩产量 2000 ～ 2300 千克。

适宜地区：江苏、浙江、安徽等华东地区大小棚覆盖栽培。

⑧通甜 1 号（图 2-9）。

品种来源：江苏沿江地区农业科学研究所。苏鉴甜瓜 201509。

特征特性：植株生长势强，抗逆性较强，抗病性较强，一致性好，坐果性中等。果实发育期 32 天，果实为高圆形，果皮白色、光滑，果肉白色，肉厚 2.4 厘米，中心糖含量 13.4%，边糖含量 10.7%，肉质脆，口感好，耐贮运性中等。

适宜地区：江苏省大小棚覆盖栽培。

图2-9　通甜1号

⑨通甜2号（图2-10）。

品种来源：江苏沿江地区农业科学研究所。苏鉴甜瓜201510。

特征特性：植株长势强，抗逆性较强，抗病性中等，一致性好，坐果性中等，果实发育期32天，果实为扁圆形，果皮白色、光滑，果肉白色，肉厚2.0厘米，中心糖含量11.9%，边糖含量9.6%，肉质软，口感较好。

适宜地区：江苏省大小棚覆盖栽培。

图2-10　通甜2号

⑩通甜蜜1号（图2-11）。

品种来源：江苏沿江地区农业科学研究所。GPD甜瓜（2018）320337。

特征特性：薄皮型。植株长势强，雄花两性花同株；花朵黄色，叶柄半直立；中早熟，早春栽培果实发育期30天，生育期105天；果实为圆球形，果皮黄色，果形美观；果肉白色，单果重约630克，肉厚2.2厘米；坐果性强。中心可溶性固形物含量14.2%，边部可溶性固形物含量10.1%，肉质脆，味甜，有芳香味。

适宜地区：江苏春秋两季保护地及露地种植。

图2-11　通甜蜜1号

（2）厚皮甜瓜。

①西薄洛托（图2-12）。

品种来源：日本八江农芸株式会社育成。

特征特性：早熟、优质、高产，外形美观，果实发育期40～45天。植株长势前弱后强，结2～3次瓜的能力强，抗病和抗逆能力较强。果实圆球形，果皮白色透明，果面光滑，果肉白色味美，具有香味，肉质厚实松脆，水分多，中心糖含量15%～17%，单瓜重约1.2千克，是目前上海市场上倍受欢迎的品种。

适宜地区：大（中）棚设施栽培。

图2-12　西薄洛托

②女神（图2-13）。

品种来源：台湾农友种苗公司选育。

特征特性：中早熟，果实发育期40～45天；低温结果能力强，耐贮运，耐蔓割病。果实短椭圆形，单果重1.5千克左右；果皮淡白色，果面光滑或偶有稀少网纹发生；果肉淡绿色，肉质柔软细嫩，中心糖含量14%～16%。

适宜地区：温室或大棚栽培。

图2-13　女神

③蜜世界（图2-14）。

品种来源：台湾农友种苗公司选育。

特征特性：中熟，果实发育期45～55天。植株生长势强，优质、抗病、糖度高，丰产性好，耐贮运。果实高圆形，果皮淡白绿色，果面光滑，偶有稀少网纹；果肉淡绿色，果肉厚，肉质柔软、细嫩多汁，风味鲜美。果实刚采收时肉质较硬，经后熟数天果肉软化后食用，汁水特别多，风味更佳，中心糖含量14%～16%。单瓜重1～1.5千克，亩产2000～2500千克。

图2-14　蜜天下

适宜地区：温室或大棚栽培。

④玉姑（图2-15）。

品种来源：台湾农友种苗公司选育。

特征特性：中熟，果实发育期40～45天。植株生长势强，叶片大，茎粗壮，侧枝发生多，优质、抗病、糖度高，高温时品质稳定。耐低温，早春低温环境下结果力强，丰产性好，耐贮运。

图2-15　玉姑

果实高球形，果皮淡绿白色，果面光滑偶有稀少网纹；果肉淡绿色，果肉厚4.5厘米，肉质柔软细嫩，汁多味甜，风味鲜美，中心糖含量16%～18%。单瓜重1～1.4千克，亩产2000～2500千克。

图2-16　伊丽莎白

适宜地区：保护地地爬式栽培。

⑤伊丽莎白（图2-16）。

品种来源：日本米可多种苗公司。

特征特性：特早熟，优质、丰产，外观美，在适宜温度下果实发育期30～35天；抗病、抗逆力较强。果面黄艳光滑，果肉厚2.5厘米左右，汁多味甜，具浓郁香味。果形整齐，坐果性好，果实转熟快，种子黄色，中心糖含量14%～16%。单瓜重400～600克，亩产1500～2000千克。

适宜地区：各地大小棚栽培。

⑥苏甜1号（图2-17）。

品种来源：江苏省农业科学院蔬菜研究所，苏科鉴字〔2011〕第8号。

特征特性：植株长势较强，抗白粉病，中抗蔓枯病，低温、高温适应性均较强。早春栽培和秋延后栽培与西薄洛托相比，田间表现坐果早、易坐果，果实自雌花开放后35～40天成熟。果实高圆形，果皮乳白色，单瓜重1.0～1.2千克；果肉雪白，果肉厚3.5～4厘米，糖含量15%～17%，口感风味佳。果实较耐贮运。

图2-17 苏甜1号

适宜地区：各地大（中）棚保护栽培。

⑦苏甜2号（图2-18）。

图2-18 苏甜2号

图2-19 古拉巴

品种来源：江苏省农业科学院蔬菜研究所，苏科鉴字〔2011〕第7号。GPD甜瓜（2020）320391。

特征特性：植株长势较强，抗白粉病，中抗蔓枯病，低温、高温适应性均较强。早春栽培和秋延后栽培与古拉巴相比，田间表现坐果早、易坐果，果实自雌花开放后约40天成熟。果实高圆形，果皮雪白美观，单瓜重1.3～1.5千克，果肉翠绿色，果肉厚3.5～3.8厘米，糖含量15%以上，口感风味佳。果实采收后较耐贮运。

适宜地区：各地大（中）棚保护栽培。

⑧古拉巴（图2-19）。

品种来源：日本八江农芸株式会社育成。

特征特性：早熟，优质、高产，外形美观，果实发育期40～45天，低温结果力和坐果性较强。果实高圆形，果皮白绿有透明感，果面光滑，外观高雅；果肉绿色，果肉厚，肉质细嫩多汁，中心糖含量15%～16%；单瓜重1.2千克左右，亩产1500～1800千克。

适宜地区：江苏各地大（中）棚保护栽培。

⑨海蜜10号（图2-20）。

品种来源：海门区农业科学研究所，苏鉴甜瓜201502。GPD甜瓜（2018）320371。

特征特性：植株生长势强，一致性好，易坐果。果实发育期37天左右，椭圆形，果形指数1.4；果皮底色浅绿，有稀网纹；单瓜重1.69千克，果肉浅橙色，肉厚4.1厘米，中心糖含量16.0%，边糖含量9.8%；肉质脆，口感好，耐贮运性强。抗逆性强，抗病性较强。

图2-20　海蜜10号

适宜地区：江苏各地大（中）棚保护栽培。

⑩佳蜜脆（图2-21）。

品种来源：江苏丘陵地区镇江农业科学研究所。苏鉴甜瓜201504。

特征特性：植株前期生长势中等，中后期生长势强。叶片中等大小。坐果能力强。果实近圆形，果皮黄色，单瓜质量1.6千克，果肉浅橙色，肉厚4.1厘米，中心糖含量13.6%，边糖含量9.1%，肉质脆，口感好，耐贮运性强。开花坐果至果实成熟约35天。

图2-21　佳蜜脆

适宜地区：江苏各地大（中）棚保护栽培。

⑪镇甜二号（图2-22）。

品种来源：江苏丘陵地区镇江农业科学研究所。GPD甜瓜（2020）320021。

特征特性：极早熟，植株生长势强，果实近圆形，果皮白色，果面光滑，果肉白色，果实发育期22～24天，心室

图2-22　镇甜二号

小而充实，地爬栽培单株留瓜6～8个，单果重1.0千克左右，成熟后果肉软而多汁，糖度在16%～17%，耐贮运性强，抗病性强。

适宜地区：江苏各地大（中）棚保护栽培。

（3）哈密瓜。

①雪里红（图2-23）。

品种来源：新疆农业科学院园艺研究所育成。

特征特性：早中熟，果实发育期40天。果皮白色，偶有稀疏网纹，成熟时白里透红；果肉浅红，肉质细嫩，松脆爽口，中心糖含量15%左右。在三亚、合肥、厦门、上海南汇等地栽培较成功，栽培中应注意预防蔓枯病。

适宜地区：各地大（中）棚保护栽培。

②苏甜4号（图2-24）。

品种来源：江苏省农业科学院蔬菜研究所。苏鉴甜瓜201506。

图2-23　雪里红

特征特性：中熟哈密瓜，全生育期110天左右，果实发育期45天左右，株型偏疏，植株生长势中等，容易坐果。果实高圆形，成熟后果实白色，布有稀疏网纹。单瓜重1.5千克左右，果肉橘红色，肉质细腻、沙酥多汁、口感好，平均含糖量15.0%，肉厚大于4.0厘米。

适宜地区：我国南北大棚种植。

③仙果（图2-25）。

品种来源：新疆农业科学院园艺研究所育成。

图2-24　苏甜4号

特征特性：早熟，果实发育期40天，中抗病毒病、白粉病及蔓枯病。果实呈卵圆形，果皮黄绿色，覆黑花断条；果肉白色，细脆略带果酸味，中心糖含量16%。单瓜重1.5～2千克。储放一个月肉质不变，仍然松脆爽口。皮薄，栽培时注意后期控水，否则易裂果。

适宜地区：各地大（中）棚保护栽培。

图2-25　仙果

④98-18（图2-26）。

品种来源：新疆农业科学院园艺研究所育成。

特征特性：中熟，果实发育期45天。植株生长势较强，坐果整齐一致，耐湿、耐弱光，抗病性较强。果实卵圆形，皮色灰黄，方格网纹密而凸；肉色橘红，质地细，稍紧脆，中心糖含量16%以上。单瓜重1.5～2千克。适合保护地栽培，采用单蔓整枝，一株留一果，坐果节位11～13节，整枝后及时涂药，以防蔓枯病发生；在网纹形成初期，注意控制水分，以免形成大的网纹，影响外观；在横网纹形成期，适当增加水分供应。

适宜地区：各地大（中）棚保护栽培。

⑤东方蜜1号（图2-27）。

品种来源：上海市农业科学院园艺研究所育成。2004年8月通过了上海市农作物品种审定委员会的认定。

图2-26　98-18

特征特性：早中熟品种，植株长势健旺，春季栽培全生育期约110天，夏秋季栽培约85天，果实发育期40～45天。坐果容易，丰产性好，果实椭圆形，果皮白色带缟纹，平均单果质量1.5千克，果肉橘红色，肉厚3.5～4.0厘米，肉质细嫩多汁，松脆爽口，中心含糖量16%左右，口感风味极佳。

适宜地区：华东各地大（中）棚保护栽培。

图2-27　东方蜜1号

⑥东方蜜2号（图2-28）。

品种来源：上海市农业科学院园艺研究所育成。2004年8月通过了上海市农作物品种审定委员会的认定。

特征特性：中熟品种，植株生长势较强，春季栽培全生育期约120天，夏秋季栽培约95天，果实发育期45天左右。坐果整齐一致，果实椭圆形，黄皮覆全网纹，平均单果质量1.3～1.5千克，果肉橘红色，肉厚3.4～3.8厘米，肉质松脆细腻，中心含糖量16%以上，口感风味上佳。

适宜地区：华东各地大（中）棚保护栽培。

⑦甬甜5号（图2-29）。

品种来源：宁波市农业科学院育成。

特征特性：脆肉型厚皮甜瓜一代杂种。植株生长势较强，子蔓结果，易坐果。果实椭圆形，果皮白色，偶有稀细网纹。果肉橙色，中心折光糖含量15%以上，口感松脆、细腻。果实发育期36天左右，全生育期94天左右。早熟性好，膨果性好。单果质约1.6千克，每亩平均产量2000千克。

适宜地区：华东地区春季和秋季设施栽培。

⑧西州蜜25号（图2-30）。

品种来源：新疆维吾尔自治区葡萄瓜果开发研究中心。桂审瓜2012001号。

特征特性：中熟品种，全生育期115～125天，雌花开放授粉至果实成熟53～58天。苗期长势健旺，不易衰老。叶片大，较厚，色绿，叶形为心形。一般主蔓长2.3～2.5米。雌花为两性花，第1雌花着生于第3节子蔓上，此

图2-28　东方蜜2号

图2-29　甬甜5号

图2-30　西州蜜25号

后雌花着生节位不间断。极易坐果，一般选择在9～12节坐瓜。果实椭圆形，果形指数约为1.22，平均单果重2.0千克，浅麻绿、绿道、网纹细密全，果肉橘红，肉质细、松脆，风味好，肉厚3.1～4.8厘米，中心可溶性固形物含量15.6%～18%。

适宜地区：全国各地大（中）棚保护栽培。

⑨海蜜5号（图2-31）。

品种来源：海门区农业科学研究所。国品鉴瓜2013008。GPD甜瓜（2018）320367。

特征特性：脆肉型。中早熟品种，全生育期约115天，果实发育期45天左右。两性花（结实花）第1朵花着生在第6～7节子蔓的第1节上，较易坐果。果实椭圆形，果形指数为1.4，果皮深绿色，成熟时略带黄色，有网纹，肉色淡橙，果肉厚度4.0厘米，中心可溶性固形物含量14.5%左右，边部9.5%左右，肉质脆，口感好。不易脱蒂，耐贮运。

图2-31　海蜜5号

适宜地区：江苏各地大（中）棚保护栽培。

（4）网纹甜瓜。

①阿鲁斯系列（图2-32、图2-33）。

品种来源：日本八江农芸株式会社育成。

特征特性：分春、夏和秋冬三大系列，每个系列有若干品种，能为不同地区、不同季节提供最佳的品种选择。网纹漂亮，坐果性好，无论是外观还是品

图2-32　阿鲁斯（春）

图2-33　阿鲁斯（秋冬）

质均为上等。低温坐果性强，适宜性广，易栽培管理。

适宜地区：各地大（中）棚保护栽培。

②真珠200（图2-34）。

品种来源：日本八江农芸株式会社育成。

特征特性：低温坐果稳定，耐白粉病。网纹粗密，果实高球形，果肉黄绿色，多汁，中心糖含量16%左右。单果重1.5～1.6千克，结果后55～60天可以采收，果实货架期长，适合春秋两季栽培，可爬地或立架栽培。

适宜地区：各地大（中）棚保护栽培。

③翠蜜（图2-35）。

图2-34　真珠200

图2-35　翠蜜

品种来源：台湾农友种苗公司育成。

特征特性：果实发育期约50天。生长强健，栽培容易，不易脱蒂，果硬，耐贮运。果实呈高球形或微长球形，果皮灰绿色，网纹细密美丽，果肉翡翠绿色，肉质细嫩柔软，品质风味优良，中心糖含量14%～17%，最高可达19%。单瓜重1.5千克左右。冷凉期成熟时果皮不转色，宜计算开花后成熟日数决定是否采收。刚采收时肉质稍硬，经2～3天后熟期，果肉即柔软。

适宜地区：各地大（中）棚保护栽培。

④珍珠（图2-36）。

品种来源：江苏省农业科学院蔬菜研究所，苏鉴甜瓜200901。GPD甜瓜（2020）320437。

图2-36　珍珠

特征特性：生长强健，栽培容易。果实高球形或微长球形，果皮灰绿色，单果重1.3千克，网纹细密美丽，果肉翡翠绿色，糖度15～17度，最高可达19度，肉质细嫩柔软，品质风味优良。开花后约50天成熟，全生育期约95天。不易脱蒂，果硬耐贮运。最适春播，在冷凉期成熟时果皮灰绿色不转色，成熟适期不易判别，宜计算成熟日数。亩产3000～3500千克。

适宜地区：各地大（中）棚保护栽培。

⑤红珍珠（图2-37）。

品种来源：江苏省农业科学院蔬菜研究所，苏鉴甜瓜200902。

特征特性：生长强健，栽培容易。果实高球形或微长球形，果皮灰绿色，单果重1.3千克左右，网纹细密美丽，果肉橘红色，糖度15～17度，最高可达19度，肉质细嫩柔软，品质风味优良。开花后约50天成熟，全生育期约95天。不易脱蒂，果硬耐贮运。最适春播，在冷凉期成熟时果皮是灰绿色不转色，成熟适期不易判别，宜计算成熟日数。亩产3000～3500千克。

图2-37　红珍珠

适宜地区：江苏各地大（中）棚保护栽培。

⑥海蜜8号（图2-38）。

品种来源：海门区农业科学研究所，国品鉴瓜2015007。GPD甜瓜（2018）320369。

图2-38　海蜜8号

特征特性：植株长势较强，抗逆性强、抗病性较强，果实开花后45天左右成熟。果皮灰绿色覆密网，网纹均匀，成熟果柄处略带黄色；果形高圆形，果形指数为1.1，肉色绿色，肉厚3.8厘米，肉质细软。不易脱蒂，耐贮运。结果性好，单果重1.4千克。中心可溶性固形物含量15.3%，边部可溶性固形物含量9.8%。

适宜地区：江苏各地大（中）棚保护栽培。

⑦海蜜9号（图2-39）。

品种来源：海门区农业科学研究所，苏鉴甜瓜201501。GPD甜瓜（2018）320370。

特征特性：植株生长势强，抗逆性较强，抗病性较强，一致性好，易坐果。果实发育期45天左右，短椭圆形，果皮底色为墨绿色，覆粗密网纹；单瓜重1.78千克，果肉黄绿色，肉厚4.5厘米，中心糖含量15.9%，边糖含量8.9%；肉质脆，口感较好，耐贮运性强。

适宜地区：江苏各地大（中）棚保护栽培。

图2-39　海蜜9号

⑧鲁厚甜1号（图2-40）。

图2-40　鲁厚甜1号

品种来源：山东省农业科学院蔬菜研究所。鲁农审2007050号。

特征特性：中熟品种，植株生长势强。雄花、两性花同株。幼果果皮绿色。雌花开花至果实成熟约50天。果柄长度、粗度中等，不易脱落。果实高球形，表皮灰绿色，无棱、沟、复色，密布网纹。果柄端形状为圆形，果蒂小。脐端小、圆形。果实种腔小，种瓤3瓣，不分离。单果重1.5千克左右。果肉厚3.9厘米，黄绿色，清香多汁，不易发酵变味，可溶性固形物含量15.0%左右。易坐果。

适宜地区：江苏、山东各地保护设施作冬春茬及早春茬种植利用。

70 南方甜瓜保护地栽培主要有哪些栽培方式？

长江中下游地区气候类型为亚热带湿润气候，年降水量较大，5月下旬至6月下旬为梅雨期，而此时正是甜瓜开花坐果的时期，多雨低温高湿环境极易造成茎叶徒长、坐果困难，而且易诱发病害，因此甜瓜栽培较困难。但该地区自古以来就有种植甜瓜的习惯，尤其是薄皮甜瓜的栽培历史悠久。自20世纪90年代以来，保护地栽培甜瓜在该地区发展较快，主要有大棚加地膜覆盖和小拱棚加地膜覆盖两种方式。大棚加地膜覆盖主要用于厚皮甜瓜的栽培，也有少部分用于早春薄皮甜瓜的栽培；小拱棚加地膜覆盖则主要用于薄皮甜瓜的栽培（图2-41、图2-42）。

图2-41　甜瓜栽培大棚

图2-42　甜瓜栽培小棚

71　如何选择甜瓜栽培季节和培育壮苗？

长江中下游地区种植甜瓜一般分为春季茬口和夏秋季茬口。根据自然条件和消费市场需求，春季茬口播种期为1月中下旬至3月上旬，夏秋季茬口播种期为6月下旬至7月下旬。若利用大棚种植厚皮甜瓜，春季一般采用电热温床育苗，提早播种期；夏秋季因主要是针对国庆、中秋市场需求，可根据甜瓜品种的生长期计算播种期。若采用小拱棚栽培，因该地区早春气温不稳定，常有倒春寒现象，春季播种期不宜过分提早，以2月下旬至3月初播种为宜。

甜瓜育苗方法与西瓜育苗相似，早春育苗多采用大棚电热温床，3月后可采用小拱棚育苗，具体方法可参照西瓜育苗（图2-43、图2-44）。

图2-43　甜瓜营养钵育苗

图2-44　甜瓜穴盘育苗

72　大棚甜瓜怎样整地做畦？

冬季前在前作出茬后，进行深翻，耕作层深度要求30～40厘米。结合整地施足基肥，每亩施腐熟厩肥4000～5000千克、尿素25千克、过磷酸钙12.5千克、硫酸30千克，肥料分两次分层施入土壤。

南方多做高畦，棚宽5～6米的做3个宽1～1.2米南北向畦，沟宽0.5～0.6米，畦高0.4米。覆膜前一次性浇足底水，及时覆膜，畦面全覆盖，上述操作应在定植前10天做好并将大棚膜盖严，增加棚温和土温，有利于定植后活棵。

73 大棚甜瓜何时定植？定植密度如何确定？

大棚春茬甜瓜的定植期在2月中旬至3月上旬。定植时要关注天气，不宜抢早定植，一定等寒流天气过去后再定植。单蔓整枝，单畦双行梅花形定植；双蔓整枝，单畦中央单行种植。株型紧凑的品种可适当密植，株型松散的品种则适当稀植，株距一般在40～50厘米，每亩可栽植1200～1500株。为促进缓苗，可于定植后加设小拱棚增温保湿。

74 大棚甜瓜如何进行温度和肥水管理？

（1）**温度管理**。定植后至活棵这一阶段的温度管理主要以提高温度、促进缓苗为主。白天小拱棚内的温度不超过30℃，可以不通风；夜间根据定植时间和天气情况进行管理，夜间温度较低时在小拱棚上还需覆盖草帘或无纺布保温（图2-45）。缓苗后，白天逐渐撤掉小拱棚，让瓜苗见光，夜间再盖好。等进入4月，气温稳定转暖后，可全部撤掉小拱棚。缓苗后，为防瓜秧徒长，要适当放风降温。一般温度上升到28℃时开始放风。开始通风时，通风口要小一些，以通风后棚温不明显下降为宜。随着棚温的持续升高，逐渐加大通风口，直至温度稳定在28～30℃，下午棚温降至20℃后关闭通风口保温。甜瓜进入开花坐果期后，要加强放风管理，降温控水，防止化瓜。大棚内上午温度保持在25～28℃，下午棚内18～20℃时关闭通风口，夜间温度控制在15～17℃。加大昼夜温差，严防徒长。随着外界温度的升高，大棚内温度条件完全可以满足甜瓜生长的需要，当夜间最低气温稳定在13℃以上时，可昼夜通风。同时为加强中午通风，大棚南北面都要开门，放对流风（图2-46）。

图2-45 甜瓜缓苗期温度管理

图2-46 甜瓜开花坐果期温度管理

（2）肥水管理。定植后随即浇足定植水，缓苗后，复水1次，促进活棵。如果土壤不是太旱，直到坐瓜时不要再灌水，适当蹲苗，促进瓜秧根系下扎。瓜坐稳后，浇催瓜水。果实膨大期，一般浇2～3次水，每次水都要灌足。浇水时最好采用滴灌或膜下暗灌，大水漫灌容易造成土传病害的快速传播，尤其是在生长后期很容易诱发蔓枯病，生产上不提倡使用（图2-47）。甜瓜定个后，停止灌水，促进果实成熟。基肥充足时，缓苗后至坐瓜前可不追肥，否则，应在瓜秧伸蔓前追1次催蔓肥，每亩冲施尿素或磷酸二铵20～25千克，硫酸钾15～20千克。如果采收期不集中，头茬瓜采收后，二茬瓜坐瓜时结合灌水再冲施1次化肥。甜瓜是喜钾作物，每次追肥时要增加钾肥用量。甜瓜采收前5～7天，为促进糖分转化、提高品质，要停止灌水，促进果实成熟。

图2-47 膜下滴灌

75 大棚甜瓜怎样搭架（吊绳）引蔓？

南方大棚厚皮甜瓜栽培多为直立栽培。当幼苗长出6～7片叶时，需及时搭架或吊绳并绑蔓。采用竹竿搭架时，每株甜瓜插一根长1.6米左右的细竹竿，然后分别在距地面50厘米、90厘米、130厘米处绑3道横竿，使之连为一体，架的南北两端横向连接加固，增强稳定性。当主蔓长30～40厘米时引蔓上架，绑缚一道，以后每间隔25～30厘米绑缚一道。由于竹竿成本较高且搭架比较费工，生产上多采用铁丝（或塑料绳）吊蔓。具体做法是：在定植甜瓜的垄上端和甜瓜根边，上下各拉一道铁丝（下道铁丝可以用粗些的塑料绳替代），把吊绳上端和下端分别固定在铁丝（或塑料绳）上，瓜蔓沿着吊绳向上缠绕。双蔓整枝则每棵甜瓜系两根吊绳，使两条蔓分成V形（图2-48）。甜瓜茎蔓比较脆，所以在操作过程中要尽量避免扭伤，要注意理蔓，使叶片、果实等在空间上合理分布。同时要摘除卷须，防止养分空耗。坐果以后应将雌花、雄花摘除。随着植株生长要摘除子叶和基部老叶，以利于地表通风，节省养分，减少养分消耗。一般当主蔓6～7节时，摘除子叶和第1片真叶；主蔓10节时，摘除第2和第3片真叶。基部的老叶先后摘除3～5片，使最下部的叶片与地面有15厘米左右的距离，这样可以降低近地表的空气湿度，预防病害的发生和传播。

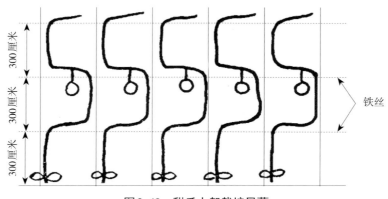

图2-48　甜瓜上架栽培吊蔓

76 大棚甜瓜怎样进行整枝？

甜瓜茎蔓分枝性很强，在主蔓上可以长子蔓，子蔓上又可长出孙蔓。甜瓜多以子蔓和孙蔓结瓜为主，雌花在主蔓上发生很晚，主蔓基部的子蔓上发生雌花也较晚。如不及时进行整枝摘心，营养生长过于旺盛，消耗养分过多，将会影响开花、结果，使坐果期和成熟期延迟。棚室内空间小，栽培密度大，为充分利用空间，获得理想的单果重量和优良品质，必须实行严格的整枝。甜瓜整枝方式很多，应结合品种特点、栽培方法、土壤肥力、留瓜多少而定。厚皮甜瓜直立栽培主要采用单蔓整枝，也可双蔓整枝（图2-49、图2-50）。

（1）**单蔓整枝**。单蔓整枝相对易操作，好管理，果实品质较佳。当主蔓长至25～30节时摘心，基部子蔓长到4～5厘米时摘除，在第11～15节上留3条健壮子蔓作结果预备蔓，主蔓最高节位留1条子蔓保持植株生长势，其余子蔓摘除，结果蔓在雌花前留2片叶摘心。

（2）**双蔓整枝**。幼苗3～4片叶摘心，当子蔓长到15厘米左右，选留两条健壮子蔓，分别引向两根吊绳，其余子蔓全部摘除。之后在每条子蔓中部第10～13节处选留3条孙蔓作结果蔓，每条结果蔓于雌花开放前在花前留2片叶摘心。最后，每个子蔓留1个瓜，子蔓20～25节摘心，每株保留功能叶片20片左右。

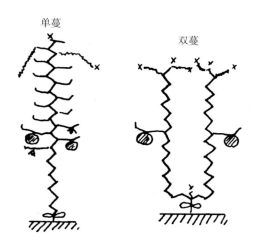

图2-49 甜瓜整枝

图2-50　甜瓜双蔓整枝立体栽培

甜瓜整枝宜采用前紧后松的原则，即坐瓜前后严格进行整枝打杈，对预留的结果蔓在雌花开放前3～5天，在花前保留2片叶进行摘心（图2-51）。而瓜胎坐住后，在不跑秧的情况下，可不再整枝，任其生长，以保证有较大的光合面积，增强光合作用，促进瓜胎膨大。整枝要在晴天下午进行。阴雨天或晴天的早上由于棚内湿度大，茎蔓伤口不易愈合，每次整枝后应喷药防病。

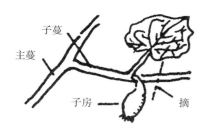

图2-51　子蔓摘心要领

77　大棚甜瓜怎样进行人工辅助授粉?

甜瓜为雌雄同株异花植物，雄花单性，大部分品种的雌花为雌型两性花，能自交结实。雌花在清晨开放，遇雨水及低温延迟开放。最佳授粉时机一般在上午8—10时，适宜温度是20～25℃。春茬栽培因棚内湿度大，加之无昆虫传粉，自然坐果率很低，需进行人工授粉促进坐果。雌花为雌型两性花时，授粉时只要用干燥毛笔在雌花花器内轻轻搅动几下即可；也可在开花当日早晨采集刚刚开放的雄花，去掉雄花花冠，露出雄蕊，然后把雄蕊放到留瓜节位刚开的雌花柱头上，轻轻摩擦几下，使柱头均匀着粉，即完成了授粉过程。每朵雄花一般可给2～3朵雌花授粉。授粉后挂上标牌，记住授粉时间，以便计算果实成熟期。

有条件的地方可采用蜜蜂授粉，相关技术可参考西瓜蜜蜂授粉技术。

78 大棚甜瓜怎样进行留瓜和吊瓜？

留瓜节位的高低，直接影响果实的大小、产量和成熟期。节位低则果实小，光皮品种有时会出现网纹，成熟期提前；留瓜节位过高，坐瓜节位以上叶片少，容易出现长形果实，甜瓜留瓜一般在主蔓的第 11 ～ 15 节。甜瓜植株授粉后 5 ～ 10 天，当幼果如鸡蛋大小时，选择果形端正、果柄较粗、无病虫危害的果实保留。每条结果蔓上只留一果，顺便去掉根部的花瓣，以防病菌从此处侵入，其他幼果及时摘除。

春茬栽培时，甜瓜开花坐果期可能遇到连续阴天、低温寡照，造成雌花开放不良、化瓜等现象。这时不能在预留结果蔓留果，须提高坐果节位，重新预留 3 条结果蔓，同时主蔓摘心位置也相应提升。另一种补救方法是将原先预留结果蔓的 2 片叶中摘去 1 片，促进孙蔓萌发，在孙蔓上坐瓜。

为减轻茎蔓负荷，当幼瓜长至 200 克左右时开始吊瓜。用细绳绑住果柄靠近果实的部位，将瓜吊到架杆或铁丝上，吊瓜的高度应尽量一致，以便于管理（图 2-52）。

图 2-52 甜瓜吊瓜

79 大棚秋延后甜瓜栽培有哪些技术要点?

（1）**选用抗病耐贮品种**。因秋延后大棚甜瓜生产中病害较易发生，应重视选用抗病品种；为了延长市场供应期，要特别注意选用耐贮性较强的品种；为了获得较高的经济效益，秋延后大棚甜瓜一般选用厚皮甜瓜品种，如状元、蜜世界、伊丽莎白等品种。

（2）**培育壮苗**。大棚秋延后甜瓜一般在6月下旬至7月中下旬播种，此时正值高温多雨季节，高温高湿下育苗，管理不当容易造成高脚苗，影响苗的素质，因此夏秋茬甜瓜育苗尤其要注意降低温度并控制湿度。苗床设在通风条件良好、保留天膜能遮阴避雨的大棚内，或新搭的防雨棚内。棚膜上可于上午10时至下午3时覆盖遮阳网或草帘等遮阳物，以遮阴降温，但要注意不要过量遮阴，定植前要让秧苗多见直射光，防止秧苗徒长。并在苗床周围的作物及杂草上喷药防治蚜虫，以减少蚜虫传毒。因遭雨淋的秧苗易感苗期病害，为此苗期要注意防雨。夏季气温高，水分蒸发快，不宜过分控制水分，要视苗床的湿度情况及时浇水；也可用0.2%的尿素加0.2%的磷酸二氢钾进行2～3次叶面追肥，促苗健壮。苗期还要喷洒600～800倍液百菌清等药剂，预防病害（图2-53）。

图2-53 大棚甜瓜秋延后栽培遮阳网育苗

（3）**棚室管理**。棚室秋延后甜瓜定植后应上好棚膜，这样既便于防暴雨台风，又利于缓苗。为避免棚内温度过高，塑料大棚可将两裙部薄膜卷起，以便通风降温。到9月下旬，天气转凉时，夜间应将所有棚膜盖好。霜降前，夜间棚温低于15℃时，应及时盖上草帘。棚温超过20℃时，应去掉部分草帘，以保持合适棚温。进入11月，天气转冷，并时常伴有寒流侵袭，应注意增加草帘厚度或在草帘上再加盖薄膜，以保持棚温达5℃以上，防止甜瓜遭受冷害或冻害（图2-54）。

（4）病虫害防治。能否及时控制和预防病虫害是秋延后甜瓜栽培成败的关键。开花坐果前，高温、干旱或暴雨，虫害特别是蚜虫、白粉虱、菜青虫猖獗；坐果后植株长势渐弱，易感染白粉病、霜霉病以及角斑病等。因此，要密切注意病虫动态，及时采取药剂防治。

图2-54　大棚甜瓜秋延后栽培

80　小拱棚双膜覆盖栽培甜瓜怎样进行压蔓、翻瓜、垫瓜？

甜瓜在整枝时要配合引蔓，大垄双行栽培的采用背靠背对爬，单垄栽培的采用逐垄顺向爬。整枝引蔓过程中要及时摘掉卷须，并将茎蔓合理布局，防止相互缠绕。整枝最好在晴天中午进行，以加速伤口愈合，减少病害感染。在整枝引蔓过程中，尽量不要碰伤幼瓜，以防造成落瓜和形成畸形瓜。甜瓜整枝以植株叶蔓刚好铺满畦面，又能看到稀疏地面为好。坐瓜后幼瓜不外露。为使植株茎蔓均匀地分布在所占的营养面积上，防止风刮乱秧，甜瓜也须压蔓固定。但是由于甜瓜栽培密度大、蔓短、坐果早、坐果部位距根端近，通常不把蔓压入土内，而是只用土块，在茎蔓两侧错开压住瓜叶。爬地栽培的甜瓜，下雨前或浇水前，将瓜拉到垄的地膜上，防止浸水腐烂。为提高甜瓜果实的外观商品质量，防止果实贴地的那一面产生黄褐色斑，在果实定个后可进行垫瓜与翻瓜。翻瓜应在下午进行，顺着同一方向每次转动60°，避免扭伤或折断瓜柄。并将部分暴晒瓜用叶蔓或杂草遮盖果面，防止日灼，降低品质。

81　怎样鉴别甜瓜的成熟度？

甜瓜成熟度的鉴别是提高上市甜瓜品质的关键环节。鲜食甜瓜要求有较高的成熟度。采收过早，果实含糖量低，香味淡，有时甚至有苦味；采收过晚，果肉组织分解，口感绵软，硬度下降，含糖量减少，品质差，不利于存放。因此可结合果实外观、授粉日数及糖度品质等综合判断甜瓜的成熟度。

（1）外观鉴定。根据甜瓜不同品种特征观测果实的颜色、纹路、香味、体积、重量等。成熟的甜瓜呈现出本品种特有的颜色，表皮光滑发亮，散发出浓郁的香味，用手指弹时声音混浊，生瓜则声音清脆。成熟瓜的脐部比较软，用手捏有弹性。有的品种成熟时果柄与果实连接处产生离层，采摘时容易脱落。此外，结瓜蔓上的叶片焦枯，也是果实成熟的重要标志。

（2）计算成熟期。甜瓜从开花到果实成熟有一定的积温要求，达到所需日数就会成熟，所以授粉时可挂标签记录具体开花授粉日期。一般薄皮甜瓜早熟品种授粉后22～25天成熟，中晚熟品种则需30～40天；厚皮甜瓜早熟品种从授粉到成熟需35～45天，晚熟品种需45～55天。甜瓜不同品种的果实成熟天数可参照品种说明书，具体应用时，还要考虑果实成熟期的温度状况。阳光充足、温度高时可提前成熟，阴雨低温则成熟延迟。

（3）品尝。鉴定甜瓜的成熟度受栽培环境、品种特性等影响，因此鉴别方法要综合运用，当估计甜瓜成熟时，先摘几个品尝，并用折光仪测定糖度。确已成熟，就可将同一时期授粉的瓜采收。

82 甜瓜怎样采收、包装和保鲜？

甜瓜采收时要根据不同的销售方式来确定采收期。就地销售时，应在完全成熟时收获；远途贩运，可在果实八九分成熟时采收。只有适时采收，才能保证商品瓜的品质。甜瓜的采收应在果实温度较低的早晨和傍晚进行，采收后将甜瓜置于阴凉处，待果实温度下降后再包装装箱。厚皮甜瓜采收时将果柄剪成T形，在果面上统一贴上商标，套上泡沫网套，装入带通气孔的纸箱内。

秋茬甜瓜上市时正值中秋节和国庆节，此时市场上对西瓜、甜瓜的需求量较大，效益比较好。秋茬甜瓜经贮藏后延长上市期，还可提高效益。在采收前5～7天，选成熟度一致，八九分成熟的瓜，剪留一段瓜柄，装入竹筐或柳条筐内。筐内不要装满，上部留一定的空隙，然后把筐放在室内交叉叠起，保持室温16℃左右，空气相对湿度60%～80%，每3～5天挑选一次，陆续上市。利用这种方法可贮藏20天左右。

第三篇

西瓜甜瓜病虫害及其防治

83 西瓜、甜瓜主要有哪些病虫害？

西瓜、甜瓜在整个生长期均有可能发生病虫害。南方雨水偏多，尤其是在保护地栽培条件下，高温高湿，更易诱发多种病虫害。西瓜、甜瓜常见的病虫害种类基本相似，但某些病虫害在西瓜、甜瓜上危害的严重程度不等。西瓜、甜瓜苗期主要病害有猝倒病和立枯病，生长中后期主要病害有炭疽病、白粉病、病毒病、霜霉病、蔓枯病、枯萎病、疫病等。虫害主要有黄守瓜、蚜虫、潜叶蝇、瓜叶螨、温室白粉虱、瓜绢螟等。

84 西瓜、甜瓜病虫害如何绿色防控？

危害西瓜、甜瓜的病虫种类多，有时几种病虫同时危害，严重威胁西瓜、甜瓜生产，是当前西瓜、甜瓜产量不高不稳的主要原因之一。因此，必须根据当地病虫害的种类、发生发展规律，总结制定一套行之有效的病虫害绿色防治措施。其内容包括农业防治、物理防治、生物防治和化学防治。

（1）农业防治措施。

①集中种植，分区轮作。西瓜、甜瓜的轮作周期为旱地5年以上，水田3年。为了严格实行轮作，西瓜、甜瓜的栽培面积只能占农田的10%～15%。提倡集中种植，分区轮作，以便于农田排灌，减少因灌溉水传播病害。采用与水生作物轮作的模式，通过水淹改变土壤氧化、还原条件，可以减轻土传病害，并可闷杀地下害虫，还可有效降低土壤中重金属、硝酸盐、亚硝酸盐等有

害物质的含量，改善土壤理化特性。利用土壤有益菌，例如采用草菇与瓜类轮作，可以降低连作障碍，预防线虫大发生。

②选用抗（耐）病虫品种，适时播种。针对当地主要病虫害发生情况，因地制宜选用抗性强的品种，合理选择适宜的播种期，可以避开某些病虫害的发生、传播和危害盛期，减轻病虫危害。

③种子消毒。种子消毒的方式有以下几种。

温汤浸种。将西瓜、甜瓜种子晒1～2天后，用55℃温水浸种10～15分钟，预防苗期发病，用10%的盐水浸西瓜、甜瓜种子10分钟，可将种子中混入的菌核病菌、线虫卵漂除和杀灭，防止菌核病和线虫病发生。

干热消毒。将干燥的西瓜、甜瓜种子在70℃条件下干燥处理72小时或在竹制器具上暴晒3～4天。

药剂浸种。防治真菌病害：50%多菌灵500倍液或25%甲霜灵800～1000倍液浸种4小时，72.2%霜霉威800倍液浸种30分钟，0.1%硫酸铜溶液浸种5分钟。防治细菌性病害：0.1%硫酸铜溶液浸种5分钟，1000万单位农用链霉素500倍液浸种2小时。防治病毒病：10%磷酸三钠或300倍液浸种40分钟。

药剂拌种。用50%多菌灵或40%拌种双按种子重量的0.3%拌种，防治西瓜、甜瓜苗期立枯病、炭疽病等；用50%克菌丹（用量同上）可防治枯萎病、猝倒病，此法适宜直播种子消毒。

④培育无病壮苗。主要措施如下。

育苗器具及育苗棚室消毒。用40%甲醛或高锰酸钾1000倍液喷淋或浸泡器具，每亩用硫黄粉0.8～1千克、敌敌畏0.3～0.5千克加锯末或适量干草混合点燃密闭12～24小时后通风备用，翻耕土壤，喷施噁霉灵3000倍液后密闭棚室1周。

培育壮苗。育苗前苗床彻底清除枯枝残叶和杂草，可采用营养钵育苗，营养土要用无病土，用处理好的种子、土壤。棚室播种要依据不同品种的育苗进行科学的肥水、温度、光照和通风管理。严格实行分级管理，去歪留正，去弱留强，适时炼苗，培育茎节粗短、根系发达、无病虫害的壮苗。

采用嫁接法。用瓠子作砧木嫁接西瓜，用南瓜作砧木嫁接甜瓜，可有效防治枯萎病等。

深耕冻垡。可将土表的病株残体、落叶埋至土壤深层腐烂，并将地下的害虫、病原菌翻到地表，使其受到天敌啄食或在严寒条件下冻死，从而降低病虫基数，而且使土壤疏松，有利于西瓜、甜瓜根系发育，提高植株抗逆性。

科学施肥。要在增施有机肥的基础上，再根据西瓜、甜瓜对氮、磷、钾的需求以适宜比例施用化肥，防止超量偏施氮素化肥。要施足基肥，适时追肥，结合喷施叶面肥，杜绝使用未腐熟的有机肥。氮肥施用过多会加重病虫害的发生，造成西瓜跑藤，减少产量，降低品质。施用未腐熟有机肥，可招致蛴螬、种蝇等地下害虫危害加重，并引发根、茎基部病害。

（2）物理防治措施。

①设施防护。覆盖塑料薄膜、遮阳网、防虫网，进行避雨、遮阴、防虫隔离栽培，减轻病虫害的发生。在夏秋季节，利用大棚闲置期，覆盖塑料棚膜密闭大棚，选晴日高温闷棚5～7天，使棚内最高温达60～70℃，可有效杀死土壤表层的病原菌和害虫。

②诱杀技术。诱杀技术主要有以下几种（图3-1）。

灯光诱杀。利用害虫的趋光性，用高压汞灯、黑光灯、频振式杀虫灯等进行诱杀，尤其在夏秋季害虫发生高峰期对西瓜、甜瓜主要害虫有良好防治效果。

性诱剂诱杀。在害虫多发季节，每亩西瓜、甜瓜田排放水盆3～4个，盆内放水和少量洗衣粉或杀虫剂，水面上方1～2厘米处悬挂昆虫性诱剂诱芯，可诱杀大量前来寻偶的昆虫。目前已商品化生产的有斜纹夜蛾、甜菜夜蛾、小菜蛾、小地老虎等的性诱剂诱芯。

色板、色膜驱避、诱杀。利用害虫特殊的光谱反应原理和光色生态规律，用色板、色膜驱避、诱杀害虫。在田间铺设或悬挂银灰色膜可驱避蚜虫；用黄色捕虫板可诱杀蚜虫、白粉虱、斑潜蝇等，用蓝色捕虫板可诱杀蓟马。

食物趋性诱杀。利用成虫补充营养的习性和对食物的优选趋性，在田间安置人工食源进行诱杀，也可种植蜜源植物进行诱杀。

③防虫网的隔离技术。西瓜、甜瓜覆盖防虫网后，基本上能免除小菜蛾、菜青虫、甘蓝夜蛾、甜菜夜蛾、斜纹夜蛾、棉铃虫、豆荚螟、黄曲跳甲、蚜虫、美洲斑潜蝇等多种害虫的危害，控制由于昆虫传播而导致病毒病的发生，还可保护天敌（图3-2）。

（3）生物防治措施。

①保护利用天敌。保护利用瓢虫等捕食性天敌和赤眼蜂等寄生性天敌，是一种经济有效的生物防治途径。多种捕食性天敌（包括瓢虫、草蛉、蜘蛛、捕食螨等）对蚜虫、飞虱、叶蝉等害虫起着重要的自然控制作用。寄生性天敌

a. 性诱剂的应用

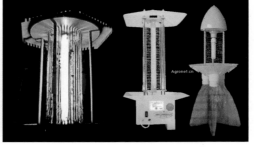

b. 频振式杀虫灯

c. 黄板诱杀蚜虫

d. 蓝板诱杀蓟马

图 3-1　诱杀技术

害虫应用于害虫防治的有丽蚜小蜂（防治温室白粉虱）和赤眼蜂（防治菜青虫、棉铃虫）等（图 3-3）。

②利用细菌、病毒、抗生素等生物制剂。利用苏云金杆菌（Bt）制剂防治食心虫，利用阿维菌素防治小菜蛾、菜青虫、斑潜蝇等，利用核型多角体病

图 3-2　防虫网

图 3-3　丽蚜小蜂

毒、颗粒体病毒防治菜青虫、斜纹夜蛾、棉铃虫等，利用农用链霉素、新植霉素防治多种西瓜病害（图3-4）。

图3-4　生物农药

③用瓜汁防治虫害。将新鲜黄瓜蔓1千克加少许水捣烂滤出汁液，加3～5倍水喷洒，防治菜青虫和菜螟的效果达90%以上；摘取新鲜多汁的苦瓜叶片，加少量水捣烂滤出汁液，加等量石灰水，调匀后，浇灌幼苗根部，防治地老虎有特效；将新鲜丝瓜捣烂，加20倍水拌匀，取其滤液喷雾，用于防治菜青虫、叶螨、蚜虫及菜螟等害虫，效果均在95%以上；将南瓜叶加少许水捣烂，滤出原液，加2倍水稀释，再加少量皂液，搅匀后喷雾，防治蚜虫效果达90%以上。

（4）合理进行化学防治。作为上述三种防治技术的补充，合理采用化学防治，可减少环境污染，保护天敌。

①优选农药。针对不同的西瓜、甜瓜病虫害，合理选择高效、低毒、低残留农药，可选择一些特异性农药，如除虫脲、氯啶脲（抑太保）、氟苯脲（农梦特）、氟虫脲（卡死克）、丁醚脲（保路）、米螨、虫螨腈（除尽）等。这一类农药并非直接"杀死"害虫，而是干扰昆虫的生长发育和新陈代谢作用，使害虫缓慢而死，并影响下一代繁殖。这类农药对人畜毒性很低，对天敌影响小，环境兼容性好。

②优选药械。选用合理的施药器械和方法，积极推广低容量或超低容量喷雾技术。针对不同病虫选用适当的施药方法和技术，提高施药质量，减轻病虫害。选用雾化度高的药械，提高防治效果，减少用药量。选用高质量药械，杜绝跑、冒、滴、漏。

③严格安全间隔期。严格按照农药施用技术规程规定的用药量、用药次数、用药方法和安全间隔期施药。施药后，未达到安全间隔期的严禁采收。

④合理施药，达标防治。减少普治，坚持按剂量要求施药和多种药剂交替使用，科学合理复配混用，适时对症用药防治，避免长期使用单一药剂、盲目加大施用剂量和将同类药剂混合使用。将两种或两种以上不同作用机制的农药合理复配混用，可起到扩大防治范围、兼治不同病虫害、降低毒性、增加药效、延缓抗药性产生等效果。

85 如何识别和防治西瓜、甜瓜猝倒病?

猝倒病是西瓜、甜瓜苗期的主要病害,在保护地育苗时最为常见。发病初期在瓜苗茎基部近地面处出现水渍状病斑,接着病部渐渐变为黄褐色,幼茎干枯、收缩,病苗因基部腐烂而猝倒。该病发展较快,常发生病苗已猝倒,而子叶仍为绿色,尚未萎蔫的现象。有时幼苗出土前就感病,子叶变褐腐烂,造成缺苗。苗床初期只见个别苗发病,几天后即以此为中心蔓延,引起成片幼苗猝倒。土壤湿度大时,被害幼苗病体表面及附近土表会长出一层白色絮状菌丝。该病在低温(土壤温度10~15℃)、高湿的条件下容易发生。因此,早春育苗时,若苗床温度偏低、光照不足、通风不良、湿度大,则猝倒病容易发生(图3-5)。

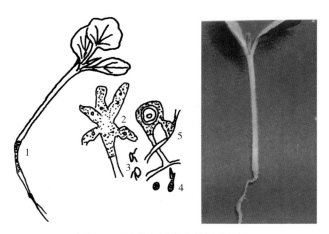

图3-5 西瓜猝倒病症状及病原菌

1.西瓜幼苗猝倒病 2.游动孢子囊 3.游动孢子 4.静孢子、孢子萌芽 5.藏卵器

防治方法:①猝倒病病菌可随病株残体在土壤中长期存活,因此,育苗时应取多年未种过瓜类和蔬菜的土壤作为营养土,最好是选用塘泥或河泥,晒干打碎。营养土中施入适量的石灰或草木灰调节酸碱度,可以减轻此病的发生和危害。②土壤(基质)消毒。在播种前一天,用50%多菌灵500倍液浇透营养钵(穴盘),待土面干后再播种。或者用50%多菌灵粉剂加上20倍的细土,混合均匀,制成药土,播种后盖住种子。③苗床设在地势较高处,控制苗床浇

水，采用覆盖干细土、增加通风等措施，降低苗床湿度。④苗床发现病株要及时拔除，防止蔓延。并用64%噁霜·锰锌500倍液，或58%甲霜·锰锌600倍液，或50%多菌灵500倍液喷雾防治。

86 如何识别和防治西瓜、甜瓜立枯病？

立枯病也是西瓜、甜瓜苗期的常见病。种子出苗前染病可造成烂种。出土的病苗，在近地面处的幼茎上形成黄褐色圆形或条形病斑。初期，幼苗白天萎蔫、夜间恢复；严重时，病斑绕茎一周，凹陷、缢缩，病苗枯死，但病苗直立不倒伏，没有白色菌丝体出现，这是与猝倒病的区别。该病病原为立枯丝核菌，病菌腐生性很强，在土壤中能长期存活，生长最适温度25～28℃，在低温阴雨、连作、高湿等情况下易发生。

防治方法：参考猝倒病防治方法。

87 如何识别和防治西瓜、甜瓜炭疽病？

本病在各地普遍发生，在南方多雨地区发生尤为严重，对西瓜、甜瓜的稳产高产影响较大。整个生长期均能发生，通常在6月中下旬或7月上旬雨季盛发。西瓜、甜瓜的茎、叶、果实均可发病。叶片初现淡黄色斑点，呈水渍状，以后扩大成圆形病斑，褐色，外晕为淡黄色，干燥后呈褐色凹斑。蔓和叶柄受害时，初为近圆形水渍状的黄褐色斑点，后成长圆形的褐色凹斑。在未成熟的果实上病斑初呈水渍状，淡绿色，圆形。在成熟果实上，病斑初期稍突起，扩大后变褐色，显著凹陷，生出许多黑色小点，呈环状排列，潮湿时其上溢出粉红色黏性物。湿度大是诱发此病的主要因素，相对湿度90%～95%、温度20～24℃时适宜发病（图3-6）。

防治方法：①选用健株果实的种子留种，如种子有带病嫌疑，可用40%福尔马林100倍液浸种30分钟，或用硫酸链霉素加水稀释100～150倍浸种10分钟，清洗后播种。②农业综合防治。实行轮作，合理施肥，增加磷、钾肥，提高植株的抗病能力；深沟排水，降低地下水位；畦面铺草等。③药剂防治。根据易发病时期，定期喷药，雨季前后应增加喷药次数和用量。可用50%甲基硫菌灵500～700倍液，或65%代森锰锌500倍液，或80%福·福锌800倍液，或50%异菌脲1000～1500倍液轮流喷雾防治，隔7～10天防治1次，连续2～3次。

图3-6　西瓜炭疽病症状

如何识别和防治西瓜、甜瓜枯萎病？

枯萎病是一种世界性的瓜类土传病害，也是西瓜、甜瓜生产中最严重的病害之一。该病在西瓜、甜瓜全生长期内均可发生，但以开花期和结果期发病最为严重。苗期发病，苗顶端呈失水状，子叶萎垂，茎基部收缩、褐变，苗株猝倒。成株期发病，植株生长缓慢，下部叶片发黄，逐步向上发展。发病初期基部叶片白天萎蔫，早晚恢复，数天后全株凋萎枯死。在病蔓基部，表皮纵裂，常有深褐色胶状物溢出，有时纵裂处腐烂，致使皮层剥离，随后木质部碎裂，因而很易拔起。湿润时，病部表面出现粉红色霉状物。发病初期，切断病蔓基部检查，可见维管束褐变。病菌在土壤耕作层里、未腐熟的肥料中、植物残体上及种子表面均能越冬，在离开寄主的情况下，可在土壤中存活多年，因此连作地或轮作年限短的地块，很容易发生枯萎病（图3-7、图3-8）。

防治方法：①严格实行轮作。轮作要求旱地7～8年，水田3～4年。②选用抗病品种。③种子消毒，可用70%甲基硫菌灵100倍液浸种1小时，或50%多菌灵500倍液浸种1小时，或2%～4%的漂白粉液浸种30分钟，洗净后播种，或用55℃温汤浸种30分钟，都可取得较好的效果。④嫁接换根。进行嫁接栽培是防治枯萎病的有效方法。⑤药剂防治。在发病初期用苯莱特、甲基硫菌灵

500～1000倍液，或敌磺钠、代森铵1000～1500倍液，或双效灵300～500倍液，在根际浇灌，每株用药250毫升，7～10天灌1次，连续灌3～4次。用敌磺钠原粉加水20倍调成糊状，涂抹根颈部病斑，也有一定防效。

图3-7 西瓜枯萎病

图3-8 甜瓜枯萎病

89 如何识别和防治西瓜、甜瓜蔓枯病？

蔓枯病危害西瓜、甜瓜的叶、茎和果实。叶片受害，最初病斑为褐色小斑点，逐渐发展成直径1～2厘米的病斑，近圆形或不规则圆形，其上有不明显的同心轮纹。病斑多发生在叶缘。老病斑上有小黑点，干枯后呈现星状破裂。茎蔓受害，最初产生水渍状病斑，病部中央变褐枯死，以后褐色部分呈现星状干裂，内部呈木栓状干腐。茎受害严重时，病部以上的植株枯死。蔓枯病症状与炭疽病症状相似，其区别在于病斑上不产生粉红色的黏稠物，而是产生黑色小点状物。病菌致病的最适温度为20～30℃。高温多湿、通风不良的田块，容易发病（图3-9、图3-10）。

图3-9　西瓜蔓枯病

图3-10　甜瓜蔓枯病

防治方法：①选用无病的种子，播种前进行种子消毒处理。②加强田间管理，合理施肥，加强排水，注意通风透光，增强植株的生长势。③及时清除、销毁病株残体。④药剂防治。可用70%代森锰锌500～600倍液，或50%百菌清600倍液，或75%甲基硫菌灵800倍液，或60%多菌灵500倍液，交替喷雾防治。或用1∶50倍甲基硫菌灵或敌克松药液涂抹病部。

如何识别和防治西瓜、甜瓜疫病？

疫病又称疫霉病，危害西瓜、甜瓜的叶、茎和果实。苗期发病时，子叶上出现呈圆形的水渍状暗绿色病斑，病斑中央渐变成红褐色，下胚轴近地面处明显缢缩，病苗很快倒伏枯死。叶片发病，初现暗绿色水渍状圆形或不规则小斑点，迅速扩大。湿度大时病斑扩展很快，呈水煮状，干燥时病斑变淡褐色，易干枯破裂。当叶柄和茎部受侵害后呈现纺锤状凹陷的暗绿色水渍状病斑，然后缢缩，病部以上全部枯死。果实上发病呈现圆形凹陷暗绿色水渍状病斑，很快发展至整个果面，果实软腐，表面密生绵毛状白色菌丝。长期阴雨、排水不畅、通风不良的田块上易发此病（图3-11）。

图3-11　西瓜疫病

防治方法：①实行3年以上轮作。冬季深翻晒垡，收获后及时清园。②选择地势高、排水良好的田块种植。采取短畦、深沟，加强排水。③前期促进根系的生长，及时整枝，防止生长过密，通风不良。④药剂防治必须在病害蔓延前进行，药剂可选用40%三乙膦酸铝200～300倍液，或64%噁霜·锰锌可湿性粉剂500倍液，或75%百菌清可湿性粉剂500～700倍液，或75%甲基硫菌灵500～800倍液，5～7天喷药1次，连喷2～3次，雨后需补喷。必要时还可用以上药剂灌根，每株灌药液250毫升，灌根与喷雾同时进行，则预防效果明显提高。

91 如何识别和防治西瓜、甜瓜病毒病？

西瓜、甜瓜病毒病可以分为花叶型、蕨叶型、斑驳型和裂脉型，以花叶型和蕨叶型最为常见。花叶型病叶黄绿相间，叶形不整，叶面凹凸不平，严重时病蔓细长瘦弱，节间短缩，花器发育不良，果实畸形。蕨叶型心叶黄化，叶形变小，叶缘反卷，皱缩扭曲，病叶叶肉缺生，仅沿主脉残存，呈蕨叶状。病毒可由昆虫（蚜虫、粉虱、蓟马等）或田间操作等接触传播。高温、干旱有利于病害的发生。缺肥、生长衰弱的植株易感病（图3-12）。

a. 坏死斑点型：MNSV

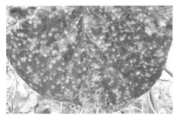

b. 黄化斑点型

c. 黄化型：CABYV

d. 黄化型：CCYV

e. 卷叶皱缩型：SQLCCV

图3-12　甜瓜病毒病

防治方法：①种子处理。用10%磷酸三钠浸种20分钟，可使种子表面携带的病毒失去活力。②适时早播，大苗移栽，提早西瓜、甜瓜生育期，避开蚜虫迁飞高峰，减少病毒传染，达到避病的目的。③加强肥水管理。施足基肥，苗期轻施氮肥，在保证植株正常生长的基础上，增施磷肥、钾肥。当植株出现初期病状时，应增施氮肥，并灌水提高土壤及空气湿度，以促进生长，减轻危害。④清除杂草和病株，减少毒源。在整枝、压蔓时，健株和病株分别进行，防止人为接触传播。⑤及时防治蚜虫，尤其在蚜虫迁飞前要连续防治。⑥药剂防治。发病初期可喷20%吗胍·乙酸铜500倍液或病毒K400倍液，或2%宁南霉素300倍液喷雾。

92 如何识别和防治西瓜、甜瓜白粉病？

白粉病主要发生在西瓜、甜瓜生长的中后期，以叶片受害最重，果实一般不受害。初期叶片正面、背面及叶柄发生白色圆形的小粉斑，以叶片的正面居多，逐渐扩展，成为边缘不明显的大片白粉区，严重时叶片枯黄，停止生长。以后白色粉状物逐渐转为灰白色，进而变成黄褐色，叶片枯黄变脆，一般不脱落。病菌主要由空气和流水传播，田间湿度大，温度在16～24℃时，容易流行。植株徒长、枝叶过多、通风不良等，有利于该病的发生（图3-13、图3-14）。

防治方法：①加强田间管理，如合理密植，及时整枝理蔓，不偏施氮肥，增施磷肥、钾肥，促进植株健壮。注意田园清洁，及时摘除病叶，减少重复传播蔓延的机会。②药剂防治。应在发病初期及早进行。可喷用15%三唑酮可湿性粉剂1000倍液，或40%敌菌铜800倍液，或70%甲基硫菌灵1000倍液，或75%百菌清500～800倍液，交替使用，每7～10天施用1次，连续2～3次。

图3-13　西瓜白粉病

图3-14　甜瓜白粉病

93　如何识别和防治西瓜、甜瓜霜霉病？

霜霉病主要在西瓜、甜瓜生长中后期发生，危害叶片。叶片发病，初呈水浸状绿色小点，后扩大，受叶脉限制呈多角形淡褐色斑块，病斑干枯易碎。潮湿时长出紫黑色霉层，后期霉层变黑。严重时病斑连片，全叶变黄褐色，干枯卷曲，病田植株一片枯黄。病株的果实往往变小，品质降低。地势低洼、浇水过多、种植过密、透光不好、雨水多、露水多、昼夜温差大、湿度高有利于发病。霜霉病通过气流传播，发病迅速（图3-15）。

图3-15　甜瓜霜霉病

防治方法：①加强田间管理，不偏施氮肥，及时除草，整枝打杈，控制浇水，防止徒长，增强抗性。②及时摘除病叶，带出田外销毁。③发病初期及早喷药防治，可用40%三乙膦酸铝可湿性粉剂300倍液，或75%百菌清可湿性粉剂800倍液，或25%甲霜灵可湿性粉剂600倍液，或50%福美双可湿性粉剂500倍液，每隔7～10天喷1次，连续防治3～4次。

94 如何防治黄守瓜？

黄守瓜成虫为褐黄色小甲虫，体长8～9毫米，前胸背板长方形，中央有一条波状横沟。老熟幼虫体长约12毫米，头部黄褐色，前胸背板黄色，胸腹部黄白色，各节有不明显的小黑瘤。1年发生数代，以成虫在草丛、枯枝落叶和土缝中越冬，翌年春季先在蔬菜、果树上取食。当瓜苗3～4片叶时，转移至瓜苗上危害，当瓜苗5～6片叶时受害最重。成虫、幼虫均能危害，以幼虫危害瓜苗最重。成虫白天活动，在湿润的土壤中产卵，食害叶片、花器和幼果，咬成半圆形或圆形小孔。苗期盛发时可把幼苗全部吃光，造成缺株。幼虫在土中咬食细根或钻入主根髓部近地面茎内，导致瓜苗生长不良，以致枯死（图3-16）。

图3-16 黄守瓜及其危害状

防治方法：①成虫有假死现象，可利用其假死性，在清晨捕杀。②在植株周围铺一层麦壳、砻糠等，防止其产卵。③在瓜苗上插松枝驱避。④药剂防治。成虫用80%敌百虫粉剂1000倍液，或10%高效氯氰菊酯乳油3000倍液喷布；幼虫期用80%敌百虫粉剂2000倍液灌根。

95　如何防治蚜虫？

蚜虫成虫分有翅型和无翅型两种。无翅胎生雌虫，体长1.5～1.8毫米。体色夏季黄绿色或黄色，春秋季深绿、蓝黑或黄色。体末端有1对暗色腹管。尾片青绿色，两侧有刚毛3对。有翅胎生雌虫，体长1.2～1.9毫米。体黄、浅绿或深绿色，前胸背板黑色。有透明翅2对。腹部背面两侧有3～4对褐斑，腹管暗黑色，圆筒形，尾片同无翅胎生雌虫。蚜虫繁殖快，1年可繁殖10多代至20多代。以卵在木槿或杂草等寄主上越冬，春季孵化后先在越冬作物上繁殖数代后，产生有翅蚜，再迁飞到瓜苗危害。成虫、若虫群集在叶背吸食汁液，使叶片卷缩、生长不良，严重时全株枯死。蚜虫可传播病毒病。高温干旱有利于蚜虫繁殖（图3-17）。

防治方法：①清除杂草，消除越冬卵，或在有翅蚜迁飞前用药杀灭。②药剂防治。可喷3%啶虫脒乳油1000～1500倍液，随着植株的生长，浓度可增加，即用800～1000倍液，或用10%吡虫啉可湿性粉剂2000倍液、25%噻虫嗪水分散粒剂5000倍液喷雾防治。

图3-17　蚜虫

96　如何防治瓜叶螨？

瓜叶螨又称红蜘蛛，成虫椭圆形，雌虫体长0.48～0.55毫米，雄虫体长约0.26毫米，鲜红或深红色，腹部背面左右各有1个暗斑。幼虫体圆形，长约0.15毫米，暗绿色，眼红色，足3对。若虫体椭圆形，长0.21毫米，红色，卵圆球形，直径0.13毫米，无色透明，有光泽。在北方以雌成虫潜伏在菜叶、杂草或土缝中越冬，在南方则以成虫、若虫、幼虫和卵在冬作寄主上越冬。春季先在过冬寄主上繁殖危害，以后转移到瓜秧上危害。成虫、幼虫群集叶背吸食汁液，被害部位初呈黄白色小圆斑，严重时叶片发黄枯焦。在夏季高温干燥时盛发，使叶片卷缩，呈锈褐色（图3-18）。

图3-18　西瓜叶螨

防治方法：①晚秋、早春清除瓜田周围杂草，并烧毁，以消灭越冬瓜叶螨。②加强田间管理，如合理施肥、灌水，增加田间湿度等，减少繁殖。③药剂防治。要在田间初发时喷药，着重喷叶的背面，用药量要多，必要时连续2～3次。选用20%速螨特（果螨特）1500～2000倍液，或5%噻螨酮1500倍液，或40%螨净乳油600倍液，均有较好的效果。

97 如何防治温室白粉虱？

白粉虱成虫体长0.9～1.5厘米。虫体和翅覆有白色蜡粉，口器刺吸式。卵长椭圆形，长0.2～0.25厘米，初为淡黄色，后由褐变黑，开始孵化。若虫扁平，椭圆形，淡黄色或黄绿色。成虫和若虫群集在叶背，吸食汁液，叶片褪绿黄化。白粉虱还分泌蜜露，诱发媒污病，传播病毒病，造成减产，甚至绝收（图3-19）。

图3-19 白粉虱

防治方法：①白粉虱成虫有趋黄色的习性，可用黄板进行诱杀。②熏蒸灭杀。每亩用350克20%的虫螨净或蚜虱毙烟雾剂，对大棚或温室密闭熏蒸，每隔7天进行1次。③药剂喷杀。用25%噻虫嗪水分散粒剂1500倍液，或10%烯啶虫胺2000倍液，或25%噻嗪酮水分散粒剂4500倍液，或50%噻虫胺水分散粒剂5000倍液，轮流喷杀。④生物防治。释放丽蚜小蜂进行防治。单株白粉虱成虫不足1头时，每亩释放丽蚜小蜂0.1万～0.3万头；单株白粉虱成虫平均1～5头时，每亩释放丽蚜小蜂0.5万～1万头；单株白粉虱成虫超过5头时，可用药一次，压低白粉虱成虫基数，一周后再放蜂，每亩释放1万～2万头。分期连续2～3次放蜂，每隔15天左右进行一次。

93 如何防治美洲斑潜蝇？

美洲斑潜蝇的成虫在西瓜、甜瓜叶片背面产卵，卵孵化后，幼虫在叶片内潜食叶肉，形成白色透明的弯曲小隧道，危害严重时叶面布满隧道，叶片干枯脱落，影响光合作用（图3-20）。美洲斑潜蝇的危害症状明显，在田间易于识别。

防治方法：①清洁田园，减少虫源。早春及时清除田间杂草和栽培寄主老叶，田间发现被害叶片时及时摘除，集中烧毁。收获后，及时清除残枝老叶，集中高温堆肥或烧毁，降低虫口密度。②利用成虫有趋黄色的习性，可用黄色粘蝇纸或黄板进行诱杀。③药剂防治。当叶片出现小隧道时用药剂喷洒，这时虫口密度低，既可杀死幼虫，又可杀死成虫。可选用40%阿维·敌敌畏乳油1000倍液，或2.5%溴氰菊酯乳油2500倍液，轮流使用。

a. 危害状

b. 成虫

c. 幼虫

图3-20 美洲斑潜蝇及其危害状

99 如何防治小地老虎?

小地老虎又称地蚕或黑土蚕。成虫为褐色蛾子，前胸背面有黑色W状纹，前翅褐色，后翅灰白色。卵半圆形，初产时乳白色，后转黄色。幼虫灰褐色，体上有小粒突起，虫体长55～57毫米。蛹赤褐色有光泽。以幼虫和蛹越冬。1年发生4～7代，在华南地区终年繁殖。杂食性，刚孵化的幼虫先在嫩叶上咬食，此时食量小，3龄后转入土内，夜间出来活动，食量增加，常咬断嫩苗，并将咬断部分拖入土穴内取食。幼虫行动敏捷，有假死现象，以第一、二代幼虫的危害最严重（图3-21）。

防治方法：①冬春除草，消灭越冬幼虫。②3月中下旬用黑光灯或糖醋液诱杀成虫。糖醋液配方是糖、醋、酒各1份，加水100份，加少量敌百虫。③栽苗前田间堆草，人工捕捉。④毒饵诱杀。用晶体敌百虫0.25千克，加水4～5升，喷在20千克炒过的棉仁饼上，做成毒饵。傍晚撒在幼苗周围。或用敌百虫0.5千克，溶解在2.5～4千克水中，喷在60～75千克菜叶或鲜草上，于傍晚撒在田间诱杀。严重时隔2～3天再用1次。

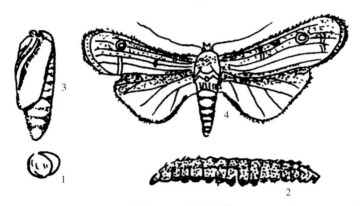

图3-21　小地老虎

1.卵　2.幼虫　3.蛹　4.成虫

100　如何防治瓜绢螟？

瓜绢螟又称瓜螟，主要以幼龄幼虫在叶背啃食叶肉危害，3龄后吐丝将叶或嫩梢缀合，匿居其中取食，致使叶片穿孔或缺刻，严重时仅留叶脉。幼虫经常蛀入瓜中，影响产量和质量。瓜绢螟的幼虫在田间比较容易辨认，末龄幼虫体长23～26毫米，头部、前胸背板淡褐色，胸腹部草绿色，亚背线呈两条较宽的乳白色纵带，气门黑色（图3-22）。

防治方法：①及时清理瓜地，消灭隐藏在枯藤落叶中的虫蛹。②幼虫发生初期，及时摘除卷叶，消灭部分幼虫。③幼虫盛发期，可选用下列药剂：15%茚虫威3000倍液、0.36%苦参碱乳油1000倍液。

图3-22　瓜绢螟及其危害状

主要参考文献

范红伟，张文献，2015．西瓜甜瓜新品种新技术［M］. 上海：上海科学技术出版社.

黄芸萍，张华峰，马二磊，2017．南方设施西瓜、甜瓜轻简化生产技术［M］. 北京：中国农业出版社.

李晓慧，赵卫星，程志强，2021．西瓜甜瓜规范化栽培技术图谱［M］. 开封：河南科学技术出版社.

王运强，郭凤领，张兴中，2018．甜瓜绿色栽培技术［M］. 武汉：湖北科学技术出版社.

赵廷昌，2016．西瓜甜瓜细菌性果斑病流行与防治研究［M］. 北京：中国农业科学技术出版社.

赵卫星，李晓慧，吴占清，2020．西瓜、甜瓜提质增效生产技术图谱［M］. 开封：河南科学技术出版社.